地下工程通风与防灾

郭　春　编著
王明年　主审

西南交通大学出版社
·成　都·

图书在版编目（CIP）数据

地下工程通风与防灾 / 郭春编著. —成都：西南交通大学出版社，2018.3（2020.9 重印）
ISBN 978-7-5643-5996-6

Ⅰ. ①地… Ⅱ. ①郭… Ⅲ. ①地下建筑物－通风－高等学校－教材②地下建筑物－防灾－高等学校－教材 Ⅳ. ①TU96

中国版本图书馆 CIP 数据核字（2017）第 320910 号

地下工程通风与防灾

郭 春 编著

责任编辑	杨 勇
封面设计	墨创文化
出版发行	西南交通大学出版社 （四川省成都市二环路北一段 111 号 西南交通大学创新大厦 21 楼）
发行部电话	028-87600564 028-87600533
邮政编码	610031
网 址	http://www.xnjdcbs.com
印 刷	四川森林印务有限责任公司
成品尺寸	185 mm × 260 mm
印 张	10.5
字 数	249 千
版 次	2018 年 3 月第 1 版
印 次	2020 年 9 月第 2 次
书 号	ISBN 978-7-5643-5996-6
定 价	32.00 元

课件咨询电话：028-81435775
图书如有印装质量问题 本社负责退换
版权所有 盗版必究 举报电话：028-87600562

前　言

在公路隧道、铁路隧道、地下储库、地下室等地下工程建设期，施工通风系统是不可缺少的技术环节。在机械化作业情况下，施工通风不仅为洞内施工地点供给新鲜空气、排除粉尘和各种有毒有害气体，创造良好的劳动环境，保障施工人员的健康与安全，而且是维持机电设备正常运行的必要条件。目前，特长隧道及复杂地下工程大量涌现，人员劳动保护意识不断增强，地下工程施工通风效果的好坏直接会影响到整个施工过程的空气质量，进而影响到各个作业面施工人员的人体健康，因此，施工通风这一从前未被重视的辅助施工措施，显示出越来越重要的地位，甚至直接影响到工程方案的决策。

在地下工程运营期间，火灾事故时有发生，严重威胁乘客的生命财产安全，甚至造成巨大的社会影响和经济损失。由于隧道环境的封闭性，火灾时排烟与散热条件差，温度高，会很快产生高浓度的有毒烟气，致使人员疏散困难，救灾难度大，破坏程度严重。

地面交通拥堵、空间匮乏、环境污染及能源消耗等原因加快了地下空间的开发利用，随着多年发展，地下空间不再仅开发作为交通设施使用，还被开发作为地下商场、地下停车场、人防工程等设施。地下空间是一个相对密闭的空间，合理的通风才能保证其正常顺畅的运营及确保地下空间内人员的健康安全。

地下空间与地上建筑空间相比，由于功能设施的多样性、空间环境的封闭性、地势的低洼性和自然条件的不良性，容易发生灾害事故。地下空间存在的风险主要包括火灾、水灾、恐怖袭击、地下空间犯罪、污染及有毒化学品泄漏、食品污染、供电故障等。其中火灾是地下空间人为事故风险中发生频次最高、危害最为严重的灾害，地下空间内火灾事故几乎占了事故总数的1/3。特别是近20年来，地下空间风险事件的灾害形式呈现多发性和突发性、多样化和严重化的特点。因地下空间具有封闭狭小、出入口少、通风光线条件差等特性，一旦发生风险信息反馈缓慢，这使得地下空间的防灾救援更显得重要。

本书对地下工程领域的多类型工程，如公路隧道、铁路隧道、地铁、地下储库、地下室等，在设计、施工、运营全生命周期内必需的通风、防灾内容进行了梳理与归纳总结，并将已有的知识内容与作者前期的多项科研成果相结合，完善了地下工程通风与防灾体系。

本书是普通高等院校土木工程大类地下工程专业方向及城市地下空间工程专业本科

生、研究生的教科书，也可供地下工程设计、施工、运营管理等技术人员参考。

本书共分 9 章，第 1 章地下工程施工通风，第 2 章公路隧道运营通风，第 3 章铁路隧道运营通风，第 4 章地铁通风空调，第 5 章其他地下空间运营通风，第 6 章公路隧道防灾救援，第 7 章铁路隧道防灾救援，第 8 章地铁防灾救援，第 9 章其他地下空间防灾救援。

在编写本书的过程中，编者吸收了以前诸多教材的优点，参阅了国内外近年来发表的科技文献，在此特向文献作者们表示感谢。虽然我们尽了很大努力，但由于学识水平有限，疏漏之处在所难免，敬请读者批评指正。

作　者

2017 年 9 月

目　录

第 1 章　地下工程施工通风

【本章重难点内容】

（1）地下工程施工环境的卫生标准。

（2）自然风流与常见的自然通风。

（3）基本的机械通风方式。

（4）常见隧道及辅助坑道的通风方式。

（5）施工通风量、管网漏风、通风阻力计算方法。

1.1　地下工程施工环境中的卫生标准

在隧道施工中，不可避免的会产生一些有害物质，并排放到隧道空气中，造成对隧道空气的污染，会对隧道内作业人员的健康产生损害。这些有害物质可分为气体、粉尘和噪音三大类。常见的有害气体主要包括一氧化碳、二氧化碳、一氧化氮、二氧化氮、二氧化硫、硫化氢和瓦斯等。

1.1.1　行业卫生标准

为了保护地下施工人员的健康，保证安全生产，我国相关行业都对地下施工作业环境的卫生标准做了明确的规定。

1. 现行《铁路隧道施工规范》规定的卫生标准

铁路隧道施工目前执行的是铁道部 2002 年 3 月发布的《铁路隧道施工规范》（TB 10204—2002），其中对隧道中空气的氧气含量、粉尘浓度、有害气体浓度、温度和噪声等都做了明确的规定，要求在隧道施工过程中作业环境应达到如下标准：

（1）空气中氧气含量，按体积计不得小于 20%。

（2）粉尘容许浓度，每立方米空气中含有 10%以上的游离二氧化硅的粉尘不得大于 2 mg。

（3）瓦斯装药爆破时，爆破地点 20 m 内，风流种瓦斯浓度必须小于 1.0%；总回风道风流种瓦斯浓度应小于 0.75%；开挖面瓦斯浓度大于 1.5%时，所有人员必须撤至安全地点。

（4）有害气体最高容许浓度：一氧化碳最高容许浓度为 30 mg/m^3，在特殊情况下，施工人员必须进入工作面时，浓度为 100 mg/m^3，但工作时间不得大于 30 min；二氧化碳按体积计不得大于 0.5%；氮氧化物（换算成 NO_2）为 5 mg/m^3 以下。

（5）隧道内气温不得高于 28 ℃。

（6）隧道内噪声不得大于 90 dB。

2. 现行《公路隧道施工技术规范》规定的卫生标准

公路隧道施工目前执行的是交通运输部2009年9月发布的《公路隧道施工技术规范》（JTG F60—2009），其中对隧道中空气的氧气含量、粉尘浓度、有害气体浓度、温度和噪声等都做了明确的规定，要求在隧道施工过程中作业环境应达到如下标准：

（1）隧道空气中，氧气含量按体积计不应小于20%。

（2）隧道内气温不宜大于28 ℃。

（3）噪声不应大于90 dB。

（4）粉尘浓度，每立方米空气中含有10%以上的游离二氧化硅的粉尘不得大于2 mg。

（5）有害气体浓度：一氧化碳一般情况下不大于30 mg/m^3，特殊情况下施工人员必须进入工作面时，可为100 mg/m^3，但工作时间不得超过30 min；二氧化碳按体积计不得大于0.5%；氮氧化物（换算成NO_2）在5 mg/m^{3}以下。

（6）瓦斯隧道爆破时，爆破地点20 m以内，风流中瓦斯浓度必须小于1.0%；总回风道风流中瓦斯浓度小于0.75%；开挖面瓦斯浓度大于1.5%时，所有人员必须撤至安全地点。

3. 现行《煤矿安全规程》规定的卫生标准

现行《煤矿安全规程》于2015年12月22日由国家安全生产监督管理总局第13次局长办公会议审议通过，自2016年10月1日实行。该规程规定的卫生标准为：

（1）采掘工作面的进风流中，氧气浓度不低于20%，二氧化碳浓度不超过0.5%。

（2）有害气体的浓度不超过表1-1规定。

（3）甲烷、二氧化碳和氢气的允许浓度按本规程的有关规定执行。

表1-1 瓦斯有害气体最高允许浓度

名　称	最大容许浓度/%	名　称	最大容许浓度/%
一氧化碳 CO	0.002 4	硫化氢 H_2S	0.000 66
氧化氮（换算成二氧化氮 NO_2）	0.000 25	氨 NH_3	0.004
二氧化硫 SO_2	0.000 5		

4. 现行《金属非金属矿山安全规程》规定的卫生标准

现行《金属非金属矿山安全规程》（GB 16423—2006）由国家安全生产监督安全管理总局2006年6月发布，该规程规定的地下矿井的卫生标准为：

（1）井下采掘工作面进风流中的空气成分（按体积计算），氧气应不低于20%，二氧化碳不应高于0.5%。

（2）入风井巷和采掘工作面的风源含尘量，应不超过0.5 mg/m^3。

（3）进下作业地点的空气中，有害物质的接触限值应不超过GBZ 2的规定。

（4）含铀、钍等放射性元素的矿山中，井下空气中的氡及其子体的浓度应符合GB 4792的规定。

5. 现行《冶金地下矿山安全规程》规定的卫生标准

原冶金工业部、原中国有色金属工业总公司、原劳动部1990年4月颁发《冶金地下矿山安全规程》，对井下卫生标准做了如下规定：

（1）井下采掘工作面进风流中的空气成分，氧气含量按体积计不得低于20%，二氧化碳含量按体积计不得高于 0.5%。

（2）井下所有作业地点的空气含尘量不得超过 2 mg/m^3，入风井巷和采掘工作面的风源含尘量不得超过 0.5 mg/m^3。

（3）井下作业地点（无柴油装备的矿井），有毒有害气体的浓度不得超过表 1-2 的规定。

（4）使用柴油机设备的矿井，井下作业地点有毒有害气体的浓度应符合下列规定：一氧化碳小于 60 mg/m^3，氧化氮含量小于 10 mg/m^3，甲醛小于 6 mg/m^3，丙烯醛小于 0.6 mg/m^3。

（5）采掘工作面的空气温度不得超过 27 ℃；热水型矿井和高硫矿井的空气温度不得超过 27.5 ℃。

（6）作业场所空气中的粉尘浓度应符合《工业企业设计卫生标准》（TJ 36）的有关规定。

表 1-2　冶金矿井有害气体最高容许浓度

名　称	最大容许浓度/（mg/m^3）	名　称	最大容许浓度/（mg/m^3）
一氧化碳 CO	30	硫化氢 H_2S	15
氧化氮（换算成二氧化氮 NO_2）	5	氨 NH_3	10

1.1.2　国家卫生标准

国家卫生标准主要包括《工业企业设计卫生标准》（GBZ 1—2015）、《工作场所有害因素职业接触限值　第一部分：化学有害因素》（GBZ 2.1—2007）和《工作场所有害因素职业接触限值　第二部分：物理因素》（GBZ 2.2—2007）。

关于作业场所有害气体的容许浓度包含在《工作场所有害因素职业接触限值　第一部分：化学有害因素》（GBZ 2.1—2007）中，它对 339 中化学物质和 47 中粉尘的容许浓度做了规定。与隧道施工作业环境有关的几种化学物质（有害气体）容许浓度见表 1-3，粉尘容许浓度见表 1-4。

表 1-3　隧道工作场所空气中化学物质容许浓度

序号	中文名	化学文摘号（CAS No.）	OELs/（mg/m^3）		
			MAC	PC-TWA	PC-STEL
1	一氧化碳	630-08-0			
	非高原		—	20	30
	高原				
	海拔 2 000～3 000 m		20	—	—
	海拔 > 3 000 m		15	—	—
2	一氧化氮	10102-43-9	—	15	—
3	二氧化氮	10102-44-0	—	5	10
4	二氧化硫	7446-09-5	—	5	10
5	硫化氢	7783-06-4	10	—	—
6	二氧化碳	124-38-9	—	9 000	18 000

表 1-4　隧道工作场所粉尘浓度

序号	中文名	化学名摘号（CAS No.）	PC-TWA/（mg/m^3）		备注
			总尘	呼尘	
1	矽尘 10%≤游离 SiO_2≤50% 50%<游离 SiO_2≤80% 游离 SiO_2 > 80%	148080-60-7	 1 0.7 0.5	 0.7 0.3 0.2	GI（结晶型）

其中化学物质职业接触限值（OEL）包括时间加权平均容许浓度（PC-TWA）、短时间接触容许浓度（PC-STEL）和最高容许浓度（MAC）三个指标，粉尘的容许浓度仅包括时间加权平均容许浓度（PC-TWA）一个指标。

时间加权平均容许浓度（PC-TWA）是指以时间为权数规定的 8 h 工作日、40 h 工作周的平均容许接触浓度。

短时间接触容许浓度（PC-STEL）是指在遵循 PC-TWA 前提下容许短时间（15 min）接触的浓度。

最高容许浓度（MAC）是指工作地点、在一个工作日内、任何时间有毒化学物质均不应超过的浓度。

1.1.3　国外标准

1. 美　国

美国工业卫生学家委员会及 6 个学术团体推荐了职业接触限值。美国劳工部职业安全与卫生署（OSHA）在 Federal Register（联邦年鉴）上公布职业有害因素的容许接触限值（Permissible Exposure Limits，PELs），经公众评议修正后，在第 29 卷“联邦法典”中正式颁布，作为强制执行的作业场所卫生标准。

美国劳工部职业安全与卫生署（OSHA）发布的强制性职业接触限值达 650 余种，表 1-5 列出了与隧道施工作业环境有关的强制性职业接触限值。

表 1-5　美国隧道施工作业环境有关的强制性职业接触限值

化学物质	化学名摘号（CAS No.）	PELs①	
		/ppm②	/（$mg/m^3$③）
二氧化碳	124-38-9	5 000	9 000
一氧化碳	630-08-0	50	55
硫化氢	7783-06-4	—	见表 1-6
二氧化氮	10102-44-0	5④	9④
二氧化硫	7446-09-5	5	13

注：① PELs（除非另行注明）均为 8 h 的 TWAs。
② 25 ℃、760 mmHg 大气压下的蒸汽或气体的体积的 10^{-6} 浓度。
③ 浓度单位为 mg/m^3。
④ 表示的是上限值。

表 1-6　美国隧道施工作业环境有关的强制性职业接触限值附表

化学物质	8 h 加权平均值	可接受的上限浓度	超过可接受上限浓度时 8 h 一次可接受极限值	
			浓度	最长持续时间
硫化氢	—	20 ppm	50 ppm	10 min，不得已的情况下

2. 德　国

德国联邦劳动和社会事务部发布的工作场所化学物质卫生标准，分为最高容许浓度（MAK）和生物耐受值（BTA）两大部分。MAK 通常为一个工作日或工作班内浓度测定的平均值，而非一次测定值。BTA 也是按一般情况下每天最多接触 8 h，每周 40 h 而制定的。另外，标准还对化学物质的接触上限做了明确的规定，接触上线分为短时间平均值和瞬时值。

1996 年制定的 MAK 的化学物质数量有 700 种，1996 年制定 BTA 的化学物质数量有 44 种。表 1-7 列出与隧道施工作业环境有关的化学物质 MAK。表 1-8 是与表 1-7 对应的化学物质接触的上限。

表 1-7　德国隧道工作场所化学物质标准

化学物质 [CAS 号]	MAK 值 /（mL/m^3）	MAK 值 /（mg/m^3）	接触上限	H：S S（P）	致癌物质分类	孕期毒性	遗传毒性	蒸汽压 /（hPa/20 °C）
一氧化碳 [630-8-0 号]	30	33	Ⅱ.1			B		
二氧化碳 [124-38-9 号]	5 000	9 000	Ⅳ					
二氧化硫 [7746-09-5 号]	2	5	Ⅰ					
硫化氢 [7783-6-4 号]	10	14	Ⅴ			Ⅱc		
二氧化氮 [10102-44-0 号]	5	9	Ⅰ					

表 1-8　德国化学物质的接触上限

类别	接触上限		每工作班允许接触的最多次数
	MAK 倍数	持续时间	
Ⅰ局部刺激物	2	5 min，瞬时值	8
Ⅱ 2 h 内出现作用的全身毒性			
Ⅱ.1：半减期<2 h	2	30 min，平均值	4
Ⅱ.2：半减期 2 h 至 1 个工班	5	30 min，平均值	2
Ⅲ 2 h 内出现作用的全身毒性			
半减期>1 个工作班（强蓄积性）	10	30 min，平均值	1
Ⅳ 作用很弱的物质			
MAK>500×10^{-6}	2	60 min，瞬时值	3
Ⅴ 有强烈气味的物质	2	10 min，瞬时值	4

1.2 自然通风

地下工程施工的通风方式按照动力来源分为自然通风和机械通风。自然通风利用的是自然风压，而机械通风利用的是通风机产生的风压。本节只介绍自然通风，机械通风在下节中介绍。

隧道自然通风就是不用风机设备，完全依靠自然风的作用，将施工中产生的污染物排出隧道的一种方法。它不需要设备和电力，非常节省能源和运行费用，是一种理想的通风方式。但这种方法并不是可以随意利用的，它受到隧道内外温差、气象条件、辅助坑道设置、坡度等各因素的制约。要利用自然通风就需要了解它的自然规律。

1.2.1 隧道自然风流

1. 自然风流的形成

隧道内自然风流的形成包括三个方面原因，即隧道内外的温度差、进出风口高点水平气压差和隧道外大气自然风。

1）温度差

当隧道内外温度不同时，隧道内外空气的密度就不相同，若进、出风口存在高差，就会形成压差，从而产生空气的流动，这种压差被称为热外差。当然温度差不是形成密度差的唯一因素，但密度差通常都是由温度差引起的。

2）水平气压差

在大的范围内，不同地方气候不同，空气温度、湿度等存在差别，同一水平上的大气压也不相同，即存在水平压力差，气象学上用气压梯度来表示这种气压的差异。所谓气压梯度，就是垂直于等压线的一个向量，以子午线 1 度或 111.1 km 为一个单位距离，在每一个单位距离内气压变化的大小叫做一个气压梯度。

可以看出，气压梯度通常是针对较大范围的概念，在小范围内通常同一水平气压差别很小，可以忽略不计。但在“一年有四季，十里不同天”的山区，贯通特长隧道的进、出口外的温度和湿度通常是不同的，水平气压差就不能不考虑。

3）隧道外的大气自然风

隧道外吹向洞口的大气自然风，碰到山坡后，其动压的一部分可转换为静压力。这部分动力的大小与大气自然风的方向和风速有关，通常按下式计算：

$$\Delta P_{\mathrm{V}} = \frac{1}{2}\rho_{\mathrm{a}}(v_{\mathrm{a}}\cos\alpha)^2 \tag{1-1}$$

式中 ΔP_{V}——大气自然风转换动压（Pa）；

ρ_{a}——隧道外大气自然风密度（$\mathrm{kg/m^3}$）；

v_{a}——隧道外大气自然风速（m/s）；

α——大气自然风向与隧道中线的夹角（°）。

2. 自然风压的计算

隧道内自然风流是由隧道内外的温度差、进出口高点水平气压差和隧道外大气自然风三种原因共同作用产生的，自然风流的风压即为三种因素所产生的压力之和。计算时既可以低洞口为基准点，也可以高洞点为基准点。如图 1-1 所示，它是隧道进口工区与竖井工区连通后的自然通风，1 点为隧道的进风口，3 点为隧道的出风口，即自然风流由 1 点进入，经过 2 点，最后由 3 点排出。隧道外的平均温度为 T_1，洞外的平均温度为 T_2，1 点的大气压为 P_1，3 点的大气压为 P_3，0~3 为高点水平线，1 点上方 0 点的大气压为 P_0，隧道洞口 1 点外大气自然风向与隧道中心线的夹角为 α，以 1 点为基准点，则自然风压为：

$$H_N = \Delta P_V + (P_3 - P_0) + (\rho_{m1} - \rho_{m2})g \cdot Z \tag{1-2}$$

式中　ρ_{m1}——0~1 点的空气的平均密度；

ρ_{m2}——2~3 点间空气的平均密度。

右边第一项为隧道进风口外大气风流转换为静压的那部分动压，数值可根据公式（1-1）计算；第二项为高点 3 与 0 点的水平气压差；第三项表示的是因洞内外温度差产生的热外差，也就是两侧空气柱的重力差。

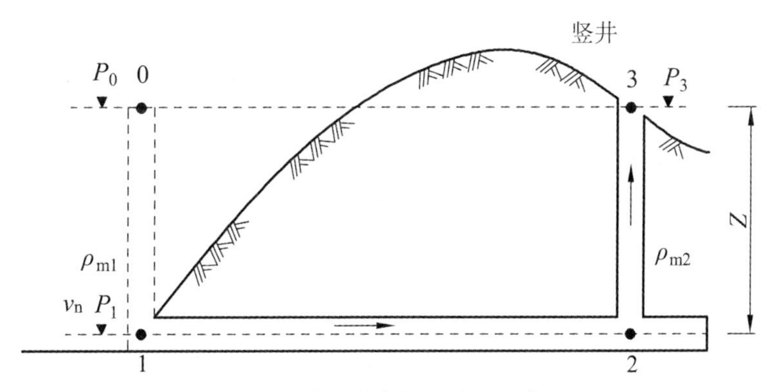

图 1-1　形成隧道自然风流的压力关系

3. 自然风压的影响因素

通常情况下，隧道外大气风流转换动压和高点水平气压对自然风压的影响不大，自然风压的大小主要取决于热位差。影响自然风压的决定性因素是两侧空气柱的密度差和高度，而空气密度除了受温度 T 的影响外，还受大气压 P、相对湿度 φ 和空气中饱和水蒸气分压等因素影响。

（1）两侧空气柱的温差是影响自然风压的主要因素。影响气温差的主要因素是洞外温度、进入隧道的风流量、围岩温度以及风流与围岩的热交换。其影响程度随隧道施工方式、埋深、地形、季节和地理位置的不同而有所不同。

（2）空气成分和湿度影响空气的密度，对自然风压也有一定的影响，但影响较小。

（3）当两侧空气密度差一定时，热位差与最高和最低点（水平）间的高差 Z 成正比。即高差越大，热位差越大。

4. 自然风量的计算

自然通风时，其能量的表现是自然通风压力 H_N，可根据公式（1-2）求出。

自然风量 Q_N 是由自然通风压力和通风阻力决定的，当隧道内压力损失 $h=H_N$ 时，可由下式求出：

$$Q_N = 60 \cdot A \cdot v \tag{1-3a}$$

$$v = \sqrt{H_N \cdot \frac{1}{\lambda} \cdot \frac{2}{\rho} \cdot \frac{d_T}{L_T}} \tag{1-3b}$$

式中 Q_N——自然通风量（m^3/min）；

A——隧道断面积（m^2）；

v——隧道内平均速度（m/s）；

λ——隧道内壁摩擦系数；

L_T——隧道长度（m）；

d_T——隧道当量直径（m）；

ρ——隧道内空气密度（kg/m^3）。

1.2.2 常见情况下的隧道自然通风

1. 上、下坡隧道独头施工的自然通风

隧道进、出口上下坡施工时，自然通风的形成与洞口的气候条件关系很大。

对于下坡施工的隧道，如图 1-2 所示。在冬季，一般来说，隧道内温度高于隧道外温度，外面寒冷的空气将沿着隧道下部进入隧道，隧道内含有污染物的暖空气将沿着隧道上部排出洞外，形成自然风；在夏季，隧道内温度低于洞外温度。洞外的热空气堵在隧道洞口，洞内的凉空气停滞在洞外，无法形成自然风流。

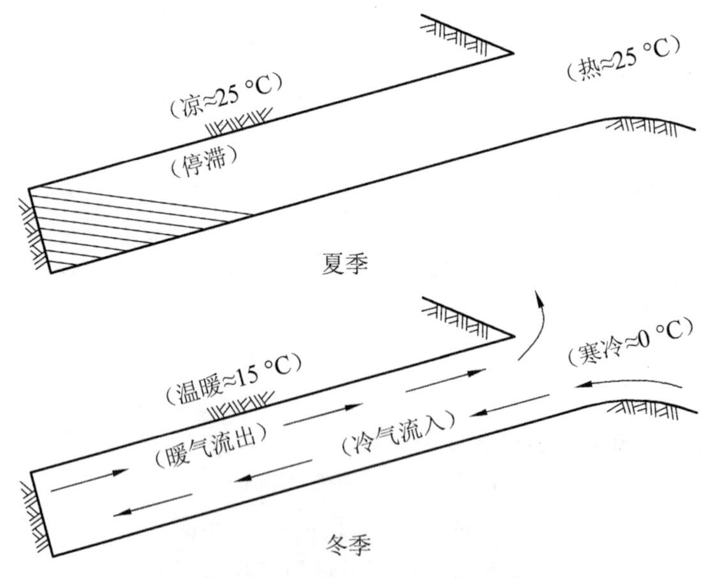

图 1-2 下坡隧道的自然通风示意图

而对于上坡施工的隧道来说，如图 1-3 所示。冬季洞外的冷空气受阻停在洞口段，难以进入工作面，洞内含有污染物的热空气受自然风压的作用，被堵在隧道工作面附近，无法出来，难以形成自然风流；夏季隧道内气温低，隧道内凉空气流向下部，外部热空气则从隧道洞口上部流入，产生自然通风作用。

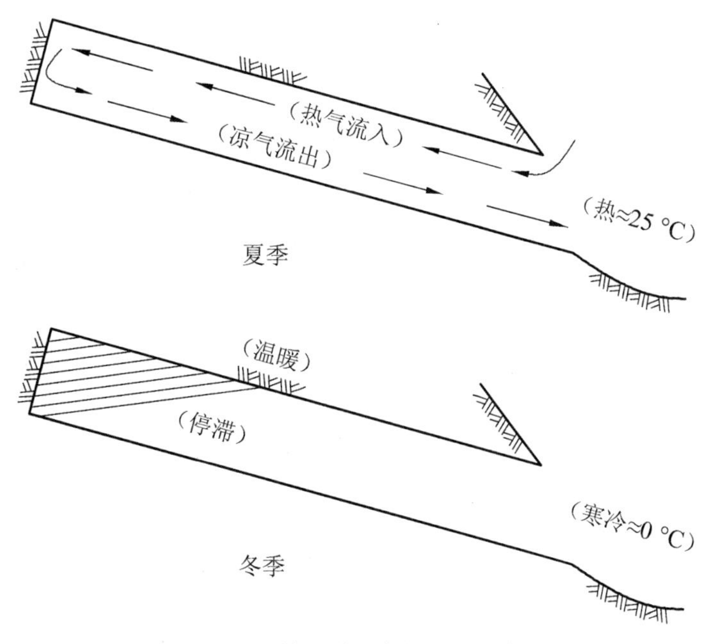

图 1-3　上坡隧道的自然通风示意图

2. 两竖（斜）井工区贯通后的自然通风

当隧道施工的两个竖（斜）井工区连通后，因两竖（斜）井的位置和深度不同，在两者之间很容易形成自然通风。自然通风系统如图 1-4 所示，2-3 线为水平隧道，0-4 线为通风系统最高点的水平线。如果把地表大气视为断面无限大，风阻为零的假想风路，则通风系统则视为一个闭合的回路。

如不考虑洞外大气自然风和 4、0 两点的水平气压差。自然风压的大小和方向主要受地面空气温度变化的影响。在冬季，地面温度很低，空气柱 0-1-2 比空气柱 4-3 重，风流由 1 号竖井的 1 流向 2，经 2 号竖井的 3、4 排至地面；夏季，地面气温高于隧道和竖井内的平均气温，空气柱 0-1-2 比空气柱 4-3 轻，使风流由 1 号竖井排出。而在春秋季节，地面气温与隧道竖井内的平均气温相差不大，自然风压很小，因此，将造成隧道风流的停滞现象。在一些山区，由于地面气温在一昼夜之内也有较大变化，所以自然风压也会随之发生变化。夜晚，1 号竖井进风；午间，又变成 1 号竖井出风。

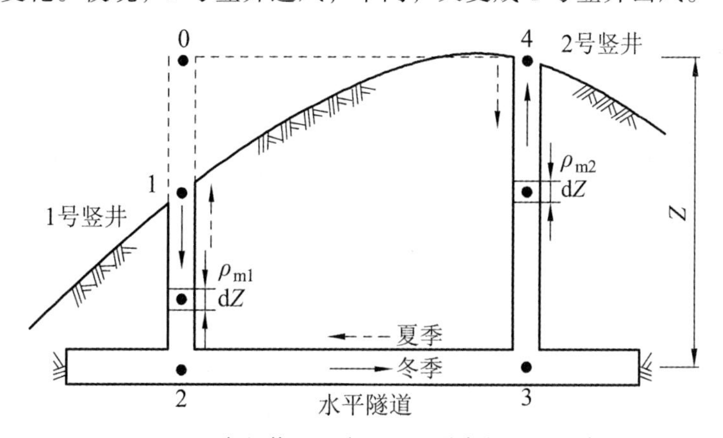

图 1-4　两个竖井工区连通后隧道自然通风示意图

3. 有通风竖井隧道的自然通风

在长独头隧道的施工中，若地形条件具备，通常会设置通风竖井，以减少独头通风长度，降低通风难度，同时在洞内外温差比较大的季节还可充分利用自然风，降低能源的消耗。

图 1-5 是有通风竖井的隧道的通风示意图。这种情况下，0 点和 3 点在山坡的同一侧，距离较近，可以不考虑高点水平大气压差和隧道外大气自然风的影响。自然风压的大小主要取决于因洞内外温差而产生的空气柱 0-1 和 2-3 的密度差，以及通风竖井的深度。即根据公式（1-2）就可以计算其自然风压。风量的大小则取决于通风路径 1-2-3 的风阻大小。冬季外界温度比洞内温度低，空气柱 0-1 比 2-3 的密度大，隧道自然风流由 1 点进入，由 3 点排出。夏季则正好相反。

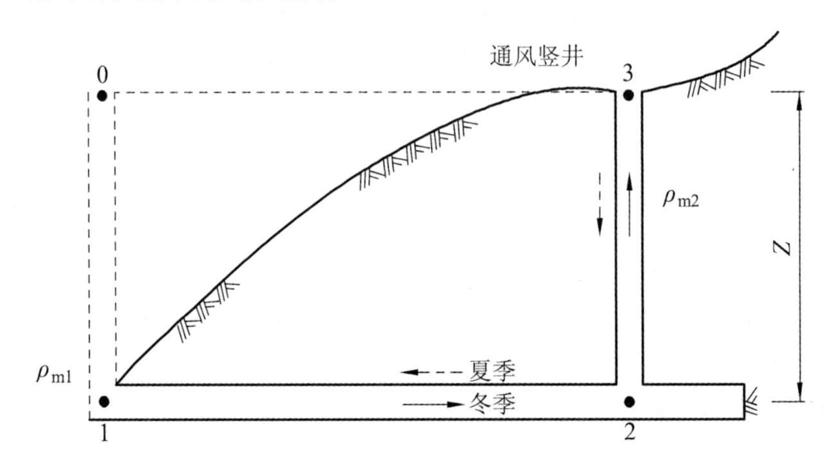

图 1-5　有通风竖井隧道的自然通风示意图

1.3　基本的机械通风方式

1. 送风式

送风式的管路进风口设在洞外，出风口设在掌子面附近，在风机的作用下，新鲜空气从洞外经管路送到掌子面，稀释污染物，污浊空气则由隧洞排至洞外，布置方式如图 1-6 所示。

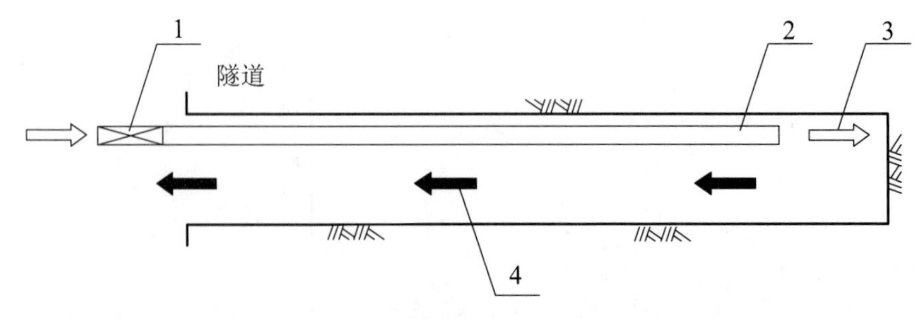

图 1-6　送风式通风示意图

1—风机；2—排风管路；3—新鲜空气；4—污浊空气

2. 排风式

排风式分为负压排风式和正压排风式。管路的进风口设在掌子面附近，出风口设在洞外，在风机的作用下，新鲜空气从洞外经隧道到达掌子面，污浊空气则直接由管路排至洞外，其布置方式如图 1-7、图 1-8 所示。

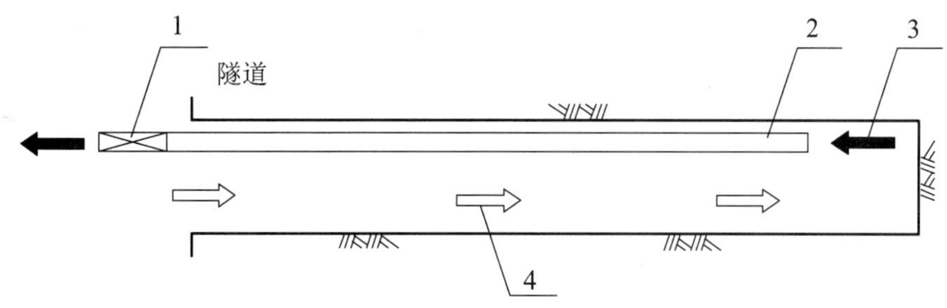

图 1-7 负压排风式通风示意图

1—风机；2—排风管路；3—污浊空气；4—新鲜空气

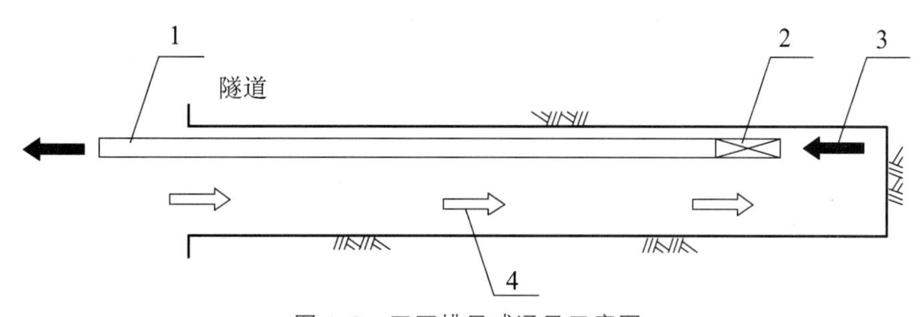

图 1-8 正压排风式通风示意图

1—排风管路；2—风机；3—污浊空气；4—新鲜空气

3. 混合式

混合式由送风式和排风式变换组合而成。它有两种形式，一种为负压排风混合式，另一种为正压排风混合式，如图 1-9 和 1-10 所示。

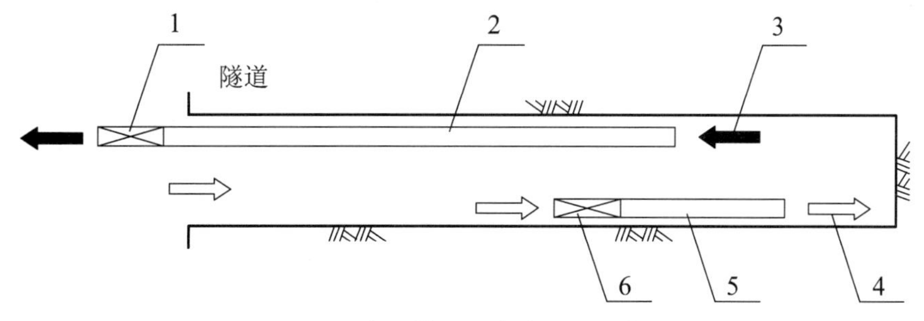

图 1-9 负压排风混合式通风示意图

1—风机；2—排风管路；3—污浊空气；4—新鲜空气；
5—送风管路；6—送风机

在风机的作用下，新鲜空气从洞外进入洞内，流向送风机的入口并进入送风管路，经送风管路送到掌子面；污浊空气从掌子面由隧洞经过排风管路的入口，进入排风管路，经排风管路排至洞外。

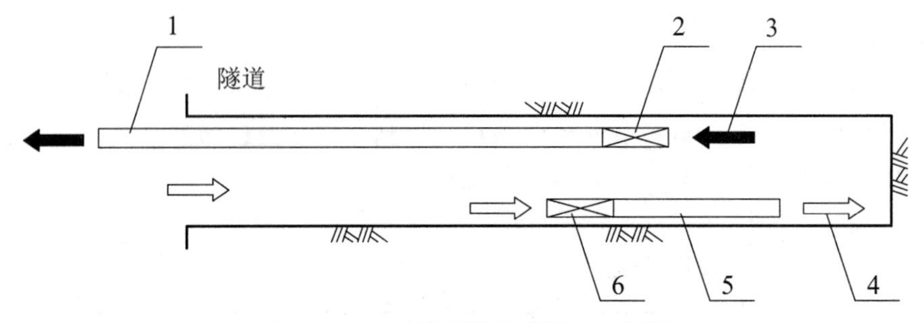

图 1-10　正压排风混合式通风示意图

1—排风管路；2—排风机；3—污浊空气；4—新鲜空气；5—送风管路；6—送风机

4. 并用式

送风式和排风式同时使用，构成并用式。同样，并用式也有负压排风并用式和正压排风并用式两种形式。

一部分新风通过送风管路送到掌子面，一部分新风从洞外经隧洞进入洞内，污浊空气一部分从掌子面流向送风管路的入口，另一部分由隧洞进入的新风沿途稀释污浊物变成污浊空气后流向排风管的入口，两股污浊空气合流进入排风管路，排到洞外，布置方式分别如图 1-11 和 1-12 所示。

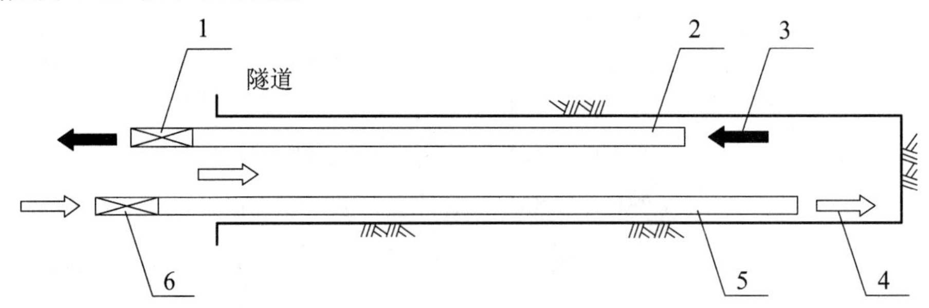

图 1-11　负压排风并用式通风示意图

1—排风机；2—排风管路；3—污浊空气；4—新鲜空气；5—送风管路；6—送风机

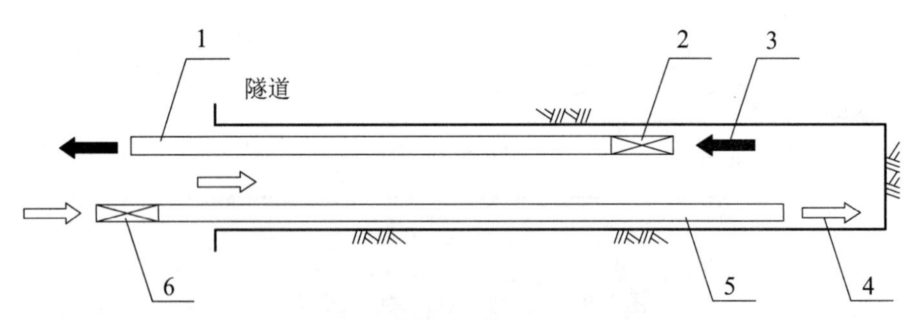

图 1-12　正压排风并用式通风示意图

1—排风机；2—排风管路；3—污浊空气；4—新鲜空气；5—送风管路；6—送风机

5. 巷道式

巷道式分为射流巷道式和主扇巷道式。

射流巷道式是在射流风机的作用下，新风从一个隧道进入，污浊空气从另一个隧道排出。新风由送风管路送到掌子面。系统布置如图 1-13 所示。

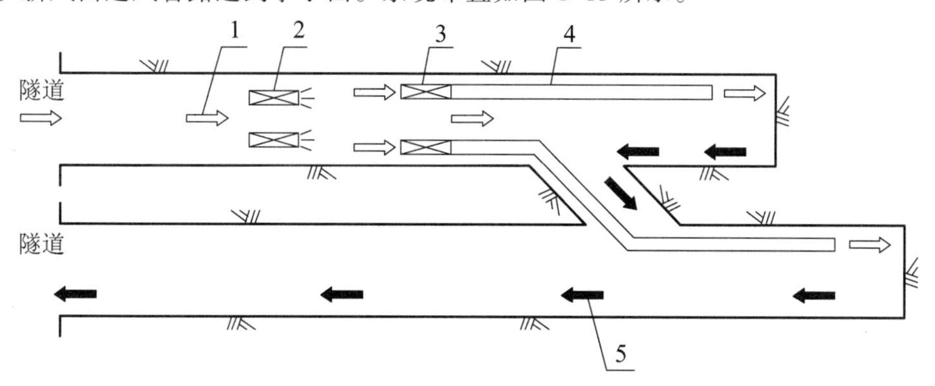

图 1-13　射流巷道式通风示意图

1—新鲜空气；2—射流风机；3—送风机；4—送风管路；5—污浊空气

主扇巷道式是在主扇的作用下，新风从一个隧道进入，污浊空气从另一个隧道排出。新风由送风管路送到掌子面。系统布置如图 1-14 所示。

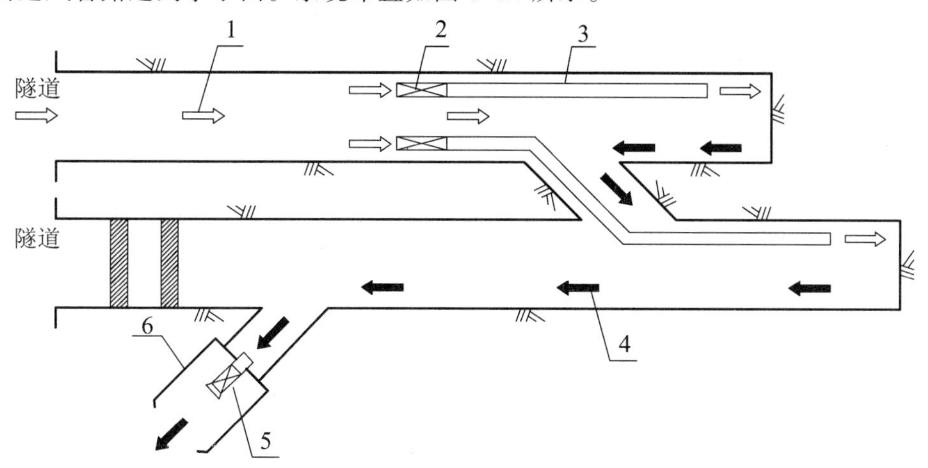

图 1-14　主扇巷道式通风示意图

1—新鲜空气；2—送风机；3—送风管路；4—污浊空气；5—主扇；6—风门

1.4　常见隧道及辅助坑道条件下的通风方式

在没有辅助坑道的情况下，单洞隧道进、出口均采用独头掘进的方式进行施工，双洞隧道的进、出口则采用平行掘进的方式进行施工，通风方式相对比较简单。为了增加工作面，缩短工期和改善施工条件，需要增设辅助坑道，常见的辅助坑道有横洞、平导、斜井和竖井，由于辅助坑道的设置，通风方式要做相应的改变。

1.4.1　单洞隧道的通风方式

1. 进口（或出口）独头施工的通风方式

隧道采用钻爆法施工，运输方式为无轨运输或有轨运输。

采用无轨运输施工时，污染源主要有两类：一类是爆破产生的炮烟，喷浆产生的粉尘和内燃、装渣设备的尾气，主要集中在掌子面附近，属于相对固定污染源；另一类是柴油汽车在运输工程中排放的尾气，污染整个隧道，属于运动污染源。

采用有轨运输施工时，其污染源主要是爆破产生的炮烟，集中在掌子面附近，在运输工程中蓄电池车或电力机车不产生污染。

运输方式通常会影响到通风方式的选择。

1）对于无轨运输施工的隧道

（1）通风方式

通常采用送风式通风，系统布置方式如图 1-6 所示。

（2）特　点

① 新鲜空气可以一直送到掌子面。

② 平衡后，汽车尾气在隧道内浓度分布由里向外，逐渐增大，作业区工作人员处在相对较新鲜的空气中。

③ 可使用软风管，且管路的延长比较容易。

④ 整个隧道被污染，后续作业环境相对较差。

⑤ 管路漏风对通风有正面作用。

（3）实施要点

① 通风管路的布设要平、直、顺。

② 出风口到掌子面的距离小于 5 倍的隧道当量直径。

③ 风机离开洞口的距离约 10 倍的隧道当量直径或者呈直角方向安放洞口一侧并保持一定的距离。

2）对于有轨隧道运输的施工

（1）通风方式

当独头较短时，采用送风式通风，其系统布置和实施要点与无轨运输施工隧道相同，其特点除了无汽车尾气外，其他与无轨运输施工隧道相同。

当独头较长时，可采用负压排风混合式，也可采用正压排风混合式，其布置方式如图 1-9 和 1-10 所示。

（2）特　点

① 新鲜空气被转送到掌子面。

② 排风管路入风口到隧洞洞口区域均处在新鲜的空气中。

③ 送风管路可使用软风管，且管路的延长比较容易。

④ 正压排风管路可使用软风管，但延长不易，必须同时移动排风机；负压排风管路不能使用软风管，成本较高。

⑤ 正压排风管路漏风对通风有负面作用，会造成二次污染，负压排风管路漏风则不存在二次污染的问题。

⑥ 送风机和正压排风机在隧道内易形成洞内噪声污染。

（3）实施要点

① 把送风机和排风机两台都设在衬砌模板附近的隧道洞口侧，随着掌子面的推进，送风管路紧跟掌子面。

② 通风管路的布设要平、直、顺。

③ 送风管路出风口到掌子面的距离小于 5 倍的隧道当量直径。

④ 排风管路出风口离开洞口的距离约 10 倍的隧道当量直径或者呈直角方向向上一定角度。

⑤ 送风管路和排风管路的重叠长度约 50 m。

⑥ 送风机和正压排风机的噪声必须满足标准要求。

2. 设通风竖井的进口（或出口）独头施工的通风方式

1）对于无轨运输施工的隧道

（1）通风方式

当自然风由隧道口流向通风竖井时，可采用图 1-15 所示的射流巷道式通风。新风由送风管路直接送到掌子面，掌子面污浊空气、沿途污浊空气流向通风竖井，经竖井排出洞外。由洞口流向通风竖井的风量可通过射流风机引射调整，若自然风流足够大，可关掉射流风机。

当自然风由通风竖井流向隧道口，或者掌子面到通风竖井的距离太长时，可采用图 1-16 所示的送风式通风。新风由通风竖井经送风管路直接送到掌子面，污浊空气从掌子面流向隧洞口，排至洞外。

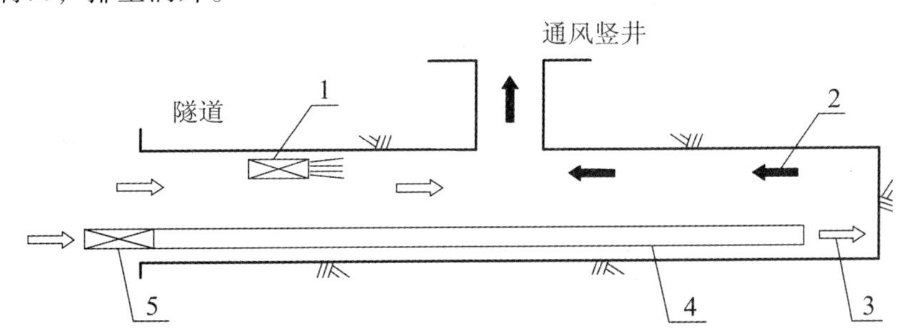

图 1-15 单洞隧道独头掘进设通风竖井的射流巷道式通风示意图

1—射流风机；2—污浊空气；3—新鲜空气；4—送风管路；5—送风机

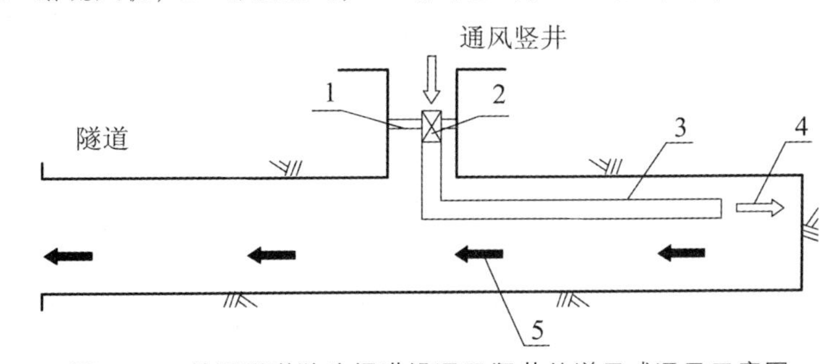

图 1-16 单洞隧道独头掘进设通风竖井的送风式通风示意图

1—隔风板；2—送风机；3—送风管路；4—新鲜空气；5—污浊空气

（2）特　点

① 新鲜空气可一直送到掌子面。

② 采用如图 1-15 所示的射流式巷道通风时，平衡后，汽车尾气在隧道内浓度分布由洞口到竖井和掌子面到竖井，都是逐渐增大的，竖井处浓度最高。采用如图 1-16 所示的

送风式通风时，平衡后，汽车尾气在隧道内浓度分布是由里向外逐渐增大的，洞口处浓度最高。两种通风方式的作业区工人都处在相对较新鲜的空气中。

③ 可使用软风管，且送风管路的延长比较容易。

④ 整个隧道被污染，后续作业环境相对较差。

⑤ 管路漏风对通风有正面作用。

（3）实施要点

① 送风管路的布设要平、直、顺。

② 出风口到掌子面的距离小于 5 倍的隧道当量直径。

③ 采用射流巷道式通风时，送风机离开洞口的距离约 10 倍的隧道当量直径或者呈直角方向向上一定角度。

2）对于有轨运输施工的隧道

（1）通风方式

当自然风由隧道口流向通风竖井时，可采用图 1-17 所示的射流巷道式通风。新风流在射流风机和自然风的作用下，至送风机入口时，由送风管路送到掌子面，污浊空气从掌子面流向通风竖井，由竖井排出洞外。若自然风流足够大，可关掉射流风机。

当自然风由通风竖井流向隧道口或者掌子面到通风竖井距离太长时，可采用图 1-18 所示的正压排风混合式通风。新风由洞外向洞内流动，至送风机入口时，由送风管路送到掌子面，污浊空气从掌子面流向排风管路风机入口，进入排风管路，经通风竖井排出洞外。

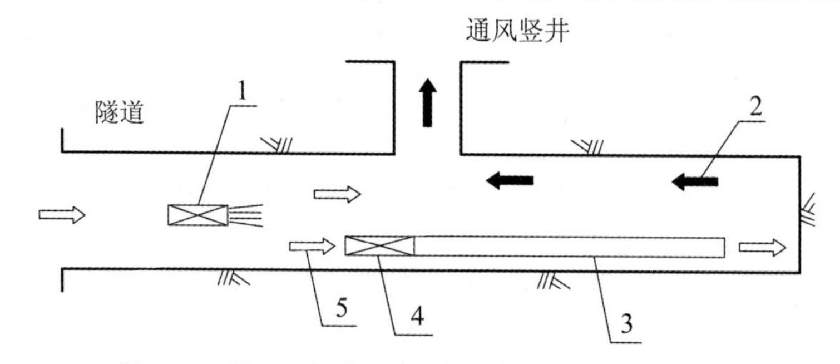

图 1-17　设通风竖井的独头施工射流巷道通风示意图

1—射流风机；2—污浊空气；3—送风管路；4—送风机；5—新鲜空气

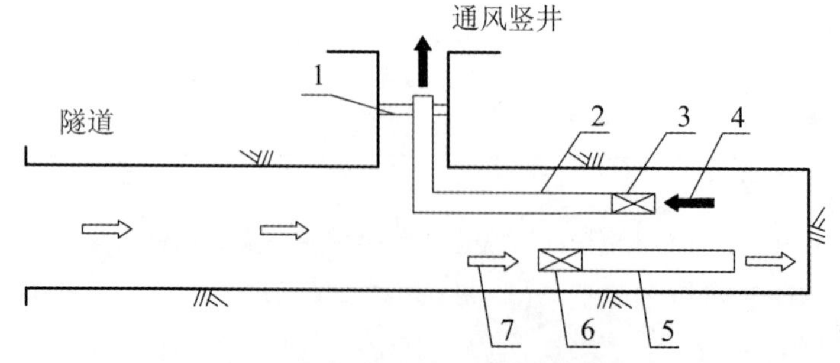

图 1-18　设通风竖井的独头施工正压排风混合式通风示意图

1—隔风板；2—排风管路；3—送风机；4—污浊空气；
5—送风管路；6—送风机；7—新鲜空气

（2）特　点

① 新鲜空气被转送到掌子面。

② 采用射流巷道式通风时，竖井到隧洞洞口区域均处在新鲜的空气中，采用混合式时，排风机入口到隧洞洞口区域处在新鲜的空气中。

③ 送风管路可使用软风管，且管路的延长比较容易。

④ 排风管路可使用软风管，但延长不易，必须同时移动排风管。

⑤ 排风管路漏风对通风有负面作用，会造成二次污染。

⑥ 通风断面大，耗电量小。

⑦ 风管需要量小，费用低。

⑧ 风机在隧道内易形成洞内的噪声污染。

（3）实施要点

① 射流巷道通风时，送风机应设在通风竖井处的上风侧，混合式通风时，把送风机和排风机两台都设在衬砌模板附近的隧道洞口侧，随着掌子面的推进，送风管路紧跟掌子面。

② 通风管路的布设要平、直、顺，特别是排风管路进入通风竖井的转弯处要做到通顺，不转死角。

③ 送风管路出风口到掌子面的距离小于 5 倍的隧道当量直径。

④ 混合式送、排管路的重叠长度小于 50 m。

⑤ 洞内风机必须满足噪声标准要求。

3. 由横洞进入隧道的通风方式

1）通风方式

当由横洞进入隧道施工、并与隧道口贯通时，可采用图 1-19 所示的射流巷道式通风。新风流在射流风机作用下由隧道流向横洞，至送风机入口时，由送风管路送到掌子面，污浊空气从掌子面流向横洞，由横洞排出洞外。

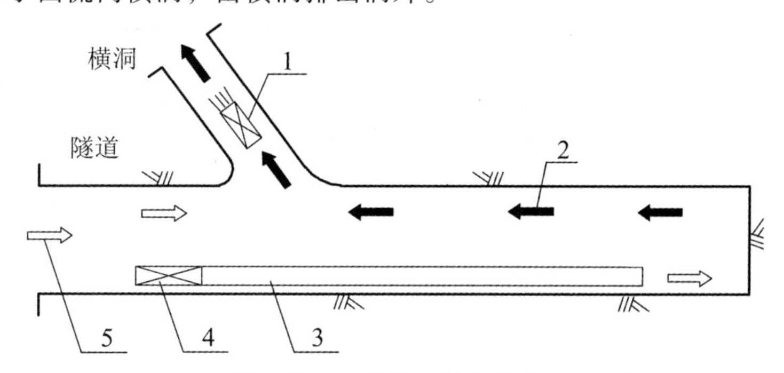

图 1-19　横洞进入隧道施工射流巷道通风示意图

1—新鲜空气；2—送风机；3—送风管路；4—污浊空气；5—射流风机

2）特　点

① 新鲜空气被转送到掌子面。

② 从隧道口到横洞区域为新鲜风流。

③ 送风管路可使用软风管，且管路的延长比较容易。

④ 管路送风距离较短，风管需要量较少。

⑤ 管路漏风对通风有正面作用。

3）实施要点

① 射流风机最好安设在横洞内。

② 通风管路的布设要平、直、顺。

③ 通风管路出风口到掌子面的距离小于 5 倍的隧道当量直径。

④ 送风机的出风口到横洞的距离要大于 50 m。

4. 平导与隧道并行的通风方式

平导与隧道工作面向前平行掘进，平导超前并进入隧道增开工作面，两洞之间有横通道连通。

1）通风方式

当独头较短时，平导与隧道均采用送风式通风，其系统布设和实施要点与单洞隧道独头掘进施工时的送风式相同。

当独头较长时，采用射流巷道式通风。射流巷道式通风系统布置方式如图 1-20 所示。射流巷道式通风是利用射流风机在平行的平导与隧道中形成风流，使新鲜空气从一个洞进入，并在流近畅通的横通道时，利用三个管路将横通道上游的新鲜空气分别送到平导与两个隧道的作业面，污浊空气从掌子面流回横通道，再从另一个洞排出。

2）特　点

① 新鲜空气被转送到掌子面。

② 从进风洞口到畅通横通道区域为新鲜风流。

③ 送风管路可使用软风管，且管路的延长比较容易。

④ 通风断面大，耗电量少。

⑤ 风管需要量小，费用低。

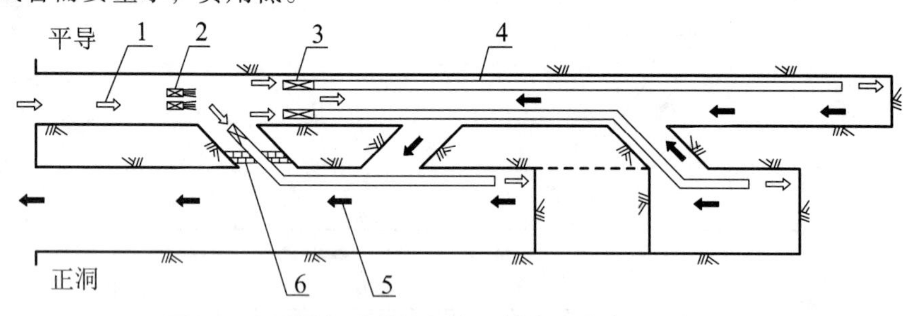

图 1-20　平导与隧道并行施工射流巷道式通风示意图

1—新鲜空气；2—射流风机；3—送风机；4—送风管路；
5—污浊空气；6—隔风墙

3）实施要点

（1）射流风机最好安设在平导内。

（2）不用的横通道要及时封闭，因施工需要，不能封闭的要安设风门，不能安设风门的，要用射流风机进行调控。

（3）通风管路的布设要平、直、顺，特别是由进风洞横通道进入另一洞的通风管路，在横通道转弯处要做到通顺，不转死角。

（4）送风管路出风口到平导（或隧道）掌子面的距离小于 5 倍的平导（或隧道）当量直径。

（5）采用无轨运输施工时，车辆必须从排风洞进入。

5. 平导贯通隧道多工作面同时施工的通风方式

1）通风方式

通常采用射流巷道式通风，系统布设方式如图 1-21 所示。

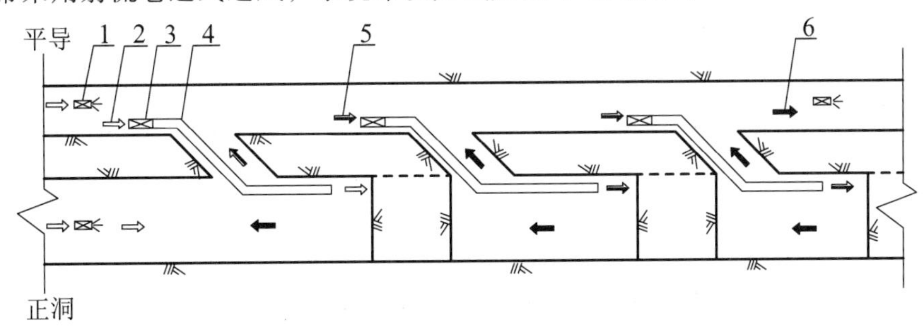

图 1-21　利用贯通平导隧道多工作面同时施工射流巷道式通风示意图（送风机分开放置）

1—射流风机；2—新鲜空气；3—送风机；4—送风管路；

5—轻度污染空气；6—污染空气

利用自然风和射流风机在贯通的平导内形成足够大的主风流。送风机分开布设在各个横通道的上风侧。送风管路通过各横通道进入不同的作业区，出风口设在掌子面附近。新鲜空气从平导由送风机通过送风管路送到掌子面，稀释污染物，污浊空气则由隧洞进入横通道，进入平导主风流中，顺风流排出洞外。

特殊情况下，如无轨运输时，可采用送风机集中放置的方式，如图 1-22 所示。

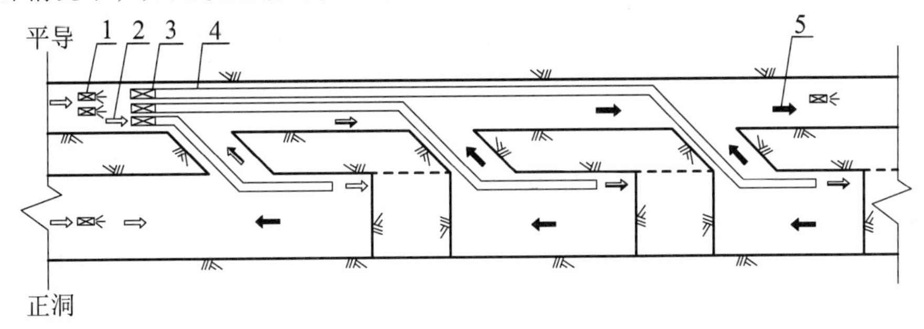

图 1-22　利用贯通平导隧道多工作面同时施工射流巷道式通风示意图（送风机集中放置）

1—射流风机；2—新鲜空气；3—送风机；4—送风管路；5—污染空气

2）特　点

（1）新鲜空气被转送到掌子面。

（2）送风管路可使用软风管，且管路的延长比较容易。

（3）通风断面大，耗电量低。

（4）管路漏风对通风有正面作用。

（5）送风机分开放置时，设在下风流的送风机送到作业面的并非完全为新鲜空气。

3）实施要点

（1）送风管路的布设要平、直、顺，特别是转弯处要做到通顺，不转死角。

（2）送风管路出风口到掌子面的距离小于 5 倍的隧道当量直径。

（3）射流风机的引射方向要与自然风方向一致。

（4）主风流要足够大，确保送风机的送风质量。

（5）送风机一定要布设在横通道的上风侧。

（6）当上游的炮烟经过时，暂时关掉下游的送风机。

（7）无轨运输时，车辆从出风口进入。

6. 由斜井进入隧道双向施工的通风方式

由斜井进入隧道双向施工是指通过斜井进入隧道后向两个方向独头掘进即为单斜井单正洞模式。

1）对于无轨运输施工的隧道

（1）通风方式

两个作业面均采用送风式通风，系统布设方式如图 1-23 所示。

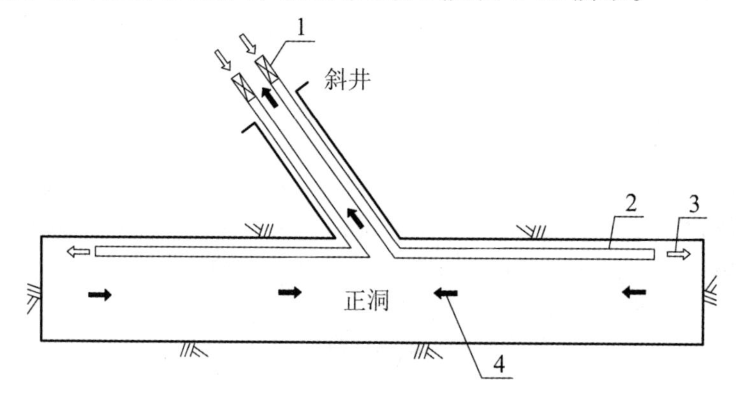

图 1-23　单斜井单洞隧道双向施工送风式通风示意图

1—风机；2—送风管路；3—新鲜空气；4—污染空气

两台风机均设在洞外，两趟送风管路的出风口分别设在两个掌子面附近。新鲜空气从洞外送风机通过送风管路送到掌子面，污浊空气则由两个掌子面流向斜井，再通过斜井排出洞外。

（2）特　点

① 新鲜空气可一直送到掌子面。

② 平衡后，汽车尾气在隧道内浓度分布是由里向外，逐渐增大，靠近斜井口浓度最高，作业区工作人员处在相对较新鲜的空气中。

③ 可使用软风管，且管路的延长比较容易。

④ 整个隧道和斜井均被污染，后续作业环境相对较差。

⑤ 管路漏风对通风有正面作用。

（3）实施要点

① 通风管路的布设要平、直、顺，特别是管路由斜井转入正洞处，要做到通顺，不能转死角。

② 出风口到掌子面的距离小于 5 倍的隧道当量直径。

③ 风机离开洞口的距离约 10 倍的斜井当量直径或者呈直角方向安放于斜井洞口一侧并保持一定的距离。

2）对于有轨运输施工的隧道

（1）通风方式

当独头较短时，采用送风式通风。其系统布置和实施要点等同前文所述。

当独头较长时，采用送排混合式通风。系统布置方式如图 1-24 所示。

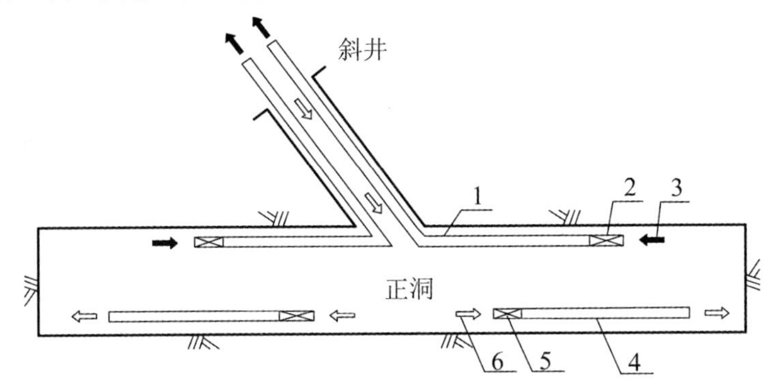

图 1-24　单斜井单洞隧道双向施工送排混合式通风示意图

1—排风管路；2—排风机；3—污浊空气；4—送风管路；

5—送风机；6—新鲜空气

对于混合式，新鲜空气从洞外经斜井进入正洞，然后分别向两个方向流动，至送风机入口，再经送风管路，送到掌子面，污浊空气从掌子面由隧洞流向排风机入口，再经排风管路排出洞外。

（2）特　点

① 新鲜空气被转送到掌子面。

② 从排风管路入口到斜井洞口区域均处在新鲜的空气中。

③ 送风管路可使用软风管，且管路的延长比较容易。

④ 排风管路可使用软风管，但延长不易，必须同时移动排风机。

⑤ 排风管路漏风对通风有负面作用，会造成二次污染。

⑥ 风机在隧道内易形成洞内噪声污染。

（3）实施要点

① 把送风机和排风机两台都设在衬砌模板后的斜井侧，随着掌子面的推进，送风管路要逐次延伸跟进。

② 通风管路的布设要平、直、顺，特别是管路由斜井转入正洞处，要做到通顺，不能转死角。

③ 送风管路出风口到掌子面的距离小于 5 倍的隧道当量直径。

④ 排风管路出风口离开洞口的距离约 10 倍的斜井当量直径，或者呈现直角方向安放在洞口上方。

⑤ 送风管路与排风管路的重叠长度不小于 50 m。

⑥ 洞内风机必须满足洞内噪声要求。

7. 由竖井进入隧道双向掘进的通风方式

由竖井进入隧道双向掘进是指竖井进入两个方向后的掘进。通过竖井进入正洞施工，同城采用有轨运输的方式，因此仅考虑有轨运输施工的情况，即为单斜井但正洞模式。

1）通风方式

当独头就短时，采用压入式通风，其系统布置和实施要点与送风式通风相同。

当独头较长时，采用送排混合式通风。其系统布置方式见图 1-25 所示。

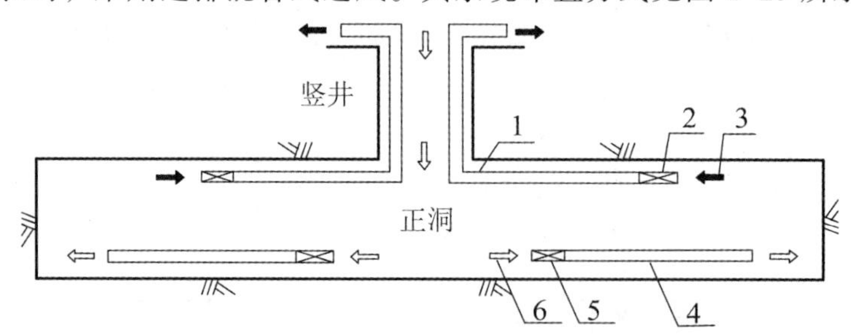

图 1-25　单竖井单洞隧道双向施工送排混合式通风示意图

1—排风管路；2—排风机；3—污浊空气；4—送风管路；

5—送风机；6—新鲜空气

对于送排混合式，新鲜空气从洞外经过竖井进入正洞，然后分别向两个方向流动，至送风机入口，再经送风管路送到掌子面；污浊空气从掌子面由隧道流向排风机入口，再经排风管路排出洞外。

2）特　点

（1）新鲜空气被转送到掌子面。

（2）从排风管路入口到竖井井底区域和竖井井身均为新鲜风流。

（3）送风管路可使用软风管，且管路的延长比较容易。

（4）排风管路可使用软风管，但延长不易，必须同时移动排风机。

（5）排风管路漏风对通风有负面作用，会造成二次污染。

（6）风机在隧道内易形成洞内噪声污染。

3）实施要点

（1）把送风机和排风机两台都设在衬砌模板后的竖井侧，随着掌子面的推进，送风管路要逐次跟进。

（2）通风管路的布设要平、直、顺，特别是管路由竖井井底转向正洞处，要做到通顺，不转死角。

（3）排风管路出风口到掌子面的距离小于 5 倍的隧道当量直径。

（4）排风管路出风口离开洞口的水平距离约 10 倍的风管直径。

（5）送风管路和排风管管路的重叠长度不小于 50 m。

（6）风机必须满足噪声标准要求。

1.4.2　双洞隧道的通风方式

1. 进口（或出口）并行施工的通风方式

双洞隧道的两个工作面向前平行掘进，两洞之间有横通道连通，即为平行双洞模式。

通风方式、特点和实施要点与平导和隧道并行施工时基本相同。所不同的是一般很少增开作业面，射流巷道式通风系统布置方式如图 1-13 所示。

2. 由横通道进入隧道并行施工的通风方式

由横通道进入双洞隧道并行施工指通过横通道进入平行双洞后，刚开始向两个方向掘进，四个作业面同时施工，但向洞口方向通常较短，很快会贯通，变成双洞单向平行施工。两洞之间由间隔一定的横通道连通。

其通风方式、特点和实施要点与双洞隧道进出口并行施工的射流巷道式通风大致相同。不同点是：

（1）在开始阶段的独头送风方式中，通风管路均从横洞进入隧道。

（2）在射流巷道式通风阶段，若采用的是有轨运输，风机应布置在与横洞直接连接的隧道内，新风流由横洞与横洞相连的隧道进入，污浊空气由另一个隧道排出，如图 1-26 所示；若采用的是无轨运输，风机应布置在未与横洞相连的隧道内，新风流由该隧道进入，污浊空气由横洞与横洞相连的隧道排出，如图 1-27 所示。

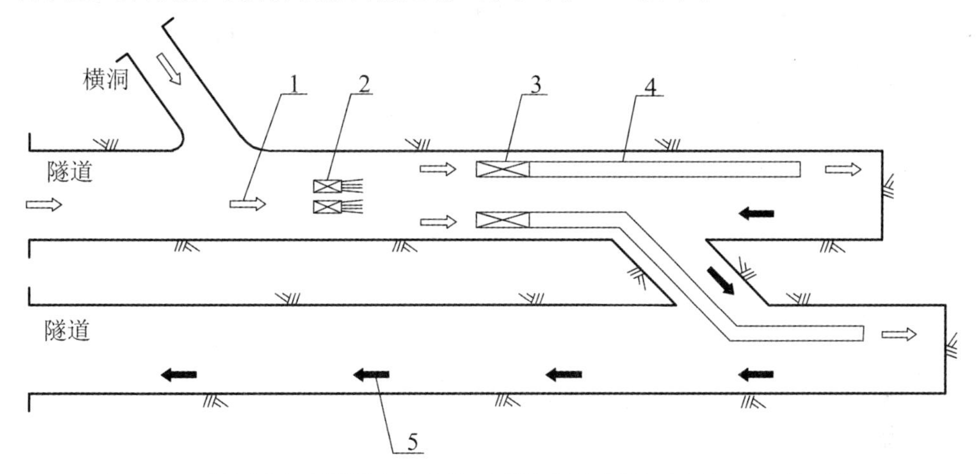

图 1-26　横洞进入双洞隧道并行施工射流巷道式通风示意图（有轨运输）

1—新鲜空气；2—射流风机；3—送风机；4—送风管路；5—污浊空气

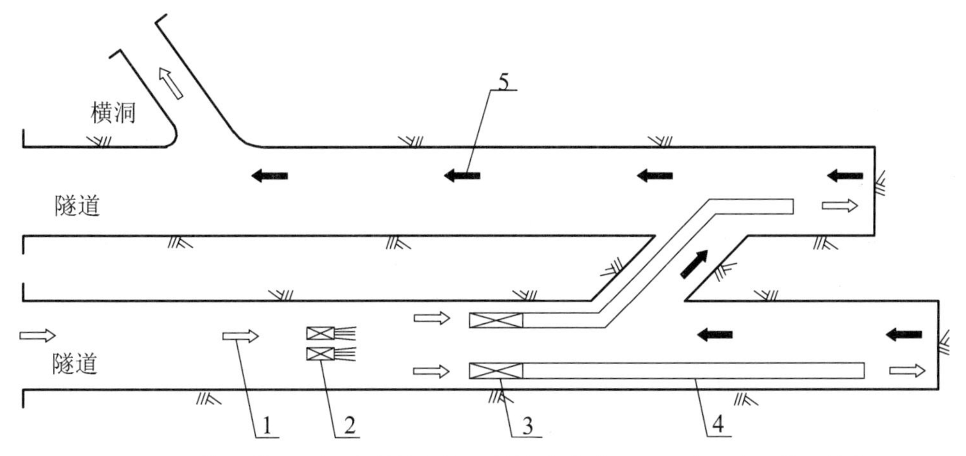

图 1-27　横洞进入双洞隧道并行施工射流巷道式通风示意图（无轨运输）

1—新鲜空气；2—射流风机；3—送风机；4—送风管路；5—污浊空气

3. 由斜井进入隧道双向并行的施工方式

由斜井进入双洞隧道并行施工是指通过斜井进入平行双洞后向两个方向掘进，四个作业面同时施工，两洞之间有间隔一定距离的横通道连通，即为单斜井双正洞模式。

运输方式通常为有轨运输，因此这里按有轨运输施工考虑。

1）通风方式

当独头较短时，采用送风式通风，其系统布置和实施要点与单洞隧道独头掘进施工时的送风式大致相同。

当独头较长时，采用正压排风混合式和射流巷道式相结合的通风方式。系统布置方式如图 1-28 所示

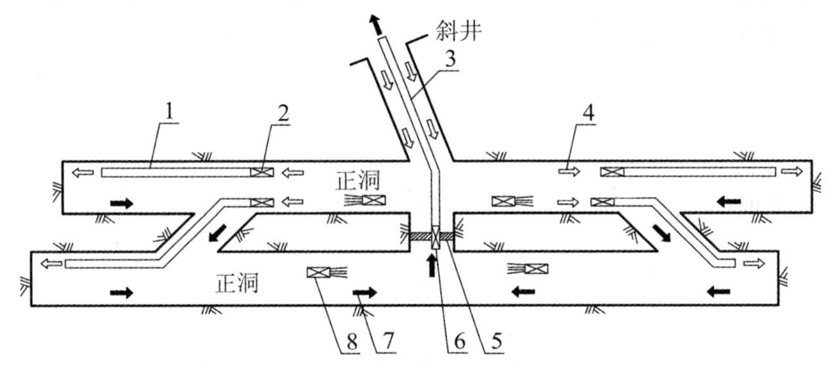

图 1-28　单斜井双洞隧道通风系统示意图

1—送风管路；2—风机；3—排风管；4—新鲜空气；5—隔风门；6—排风机；7—射流风机；8—污浊空气

首先利用排风机将洞外的新鲜空气通过斜井引入正洞，在利用射流风机对进入正洞的新风按需要进行分配。经送风机通过送风管路送到掌子面，污浊空气从各个掌子面经隧道汇流到排风机的入口，再由排风机通过排风管路排到洞外。

2）特　点

（1）新鲜空气被转送到掌子面。

（2）斜井和一个隧道的大部分区域为新鲜风流。

（3）送风管路可使用软风管，且管路的延长比较容易。

（4）排风管路漏风对通风有负面作用，会造成二次污染。

（5）通风断面大，耗电量小。

（6）风管需要量小，费用低。

3）实施要点

（1）不用的横通道要及时封闭，因施工需要，不能封闭的要安设风门，不能安设风门的，要用射流风机进行调控。

（2）通风管路的布设要平、直、顺，特别是转弯处要做到平顺，不转死角。

（3）送风管路出风口到掌子面的距离小于 5 倍的正洞当量直径。

（4）放置排风机的横通道设置隔风门，以减少射流风机的使用量，不能设隔风门时，增加射流风机进行调控。

（5）进入隧道的风量主要取决于排风机的风量，选择的排风机必须能够满足总风量

的需求。

（6）排出管路出风口离开洞口的距离约 10 倍的斜井当量直径或者呈直角方向安放在洞口上方。

（7）排风管路的直径应尽可能大，这样就可选择风量大、压头底、功率相对较小的排风机。

4. 由主副斜井进入隧道方向并行的通风方式

主副斜井进入双洞隧道双向并行施工是指设置主副两个斜井，进入隧道并行施工，隧道为两个平行双洞，两个方向、四个作业面同时施工，两洞之间由间隔一定距离的横通道连通，即为双斜井双洞隧道模式。

运输方式通常为有轨运输，因此这里按有轨运输施工考虑。

1）通风方式

当独头较短时，采用压入式通风，其系统布置和实施要点与单洞隧道独头掘进施工时的送风式大致相同。

当独头较长时，采用射流式巷道通风。系统布置方式如图 1-29 所示。

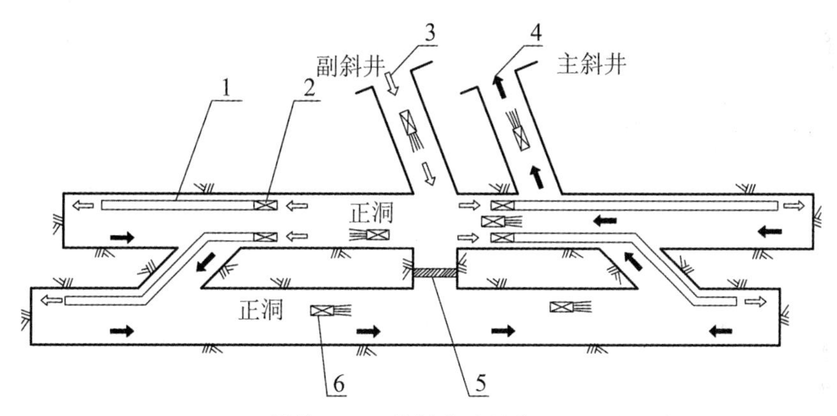

图 1-29　双斜井双洞隧道射流巷道式通风系统示意图

1—送风管路；2—送风机；3—新鲜空气；4—污浊空气；

5—风门；6—射流机

利用射流风机的作用，使新风从一个斜井进入正洞，新鲜空气被四个送风机和四趟管路分别送至掌子面，污浊空气从掌子面经隧洞流至主斜井，最后由主斜井排出洞外。

2）特　点

（1）新鲜空气被转送至掌子面。

（2）副斜井和一个正洞的大部分区域为新鲜风流。

（3）送风管路可使用软风管，且管路的延长比较容易。

（4）通风断面大，费用低。

（5）风管需要量小，费用低。

（6）风机设在洞内易形成噪声污染。

3）实施要点

（1）射流风机最好安设在断面较小的洞内。

（2）不用的横通道要及时封闭，因施工需要，不能封闭的要安设风门，不能安设风门的要用射流风机进行调控。

（3）通风管路的布设要平、直、顺，特别是转弯处要做到平顺，不转死角。

（4）送风管路出风口到掌子面的距离小于5倍的正洞当量直径。

（5）风机必须满足噪声标准要求。

5. 由竖井进入隧道双向并行施工的通风方式

由竖井进入隧道双向并行施工是指设置一个竖井，进入隧道进行施工，隧道为两个平行双洞，两个方向、四个作业面同时施工，两洞之间由间隔一定的横通道连通。人、料、机均从竖井进出，即为单竖井双洞隧道模式。

运输方式通常为有轨运输，因此这里按有轨运输施工考虑。

1）通风方式

当独头较短时，采用压入式通风，其系统布置和实施要点与单洞隧道独头掘进施工时的送风式大致相同。

当独头较长时，采用正压排风混合式与射流巷道式相结合的通风方式。系统布置方式如图1-30所示。

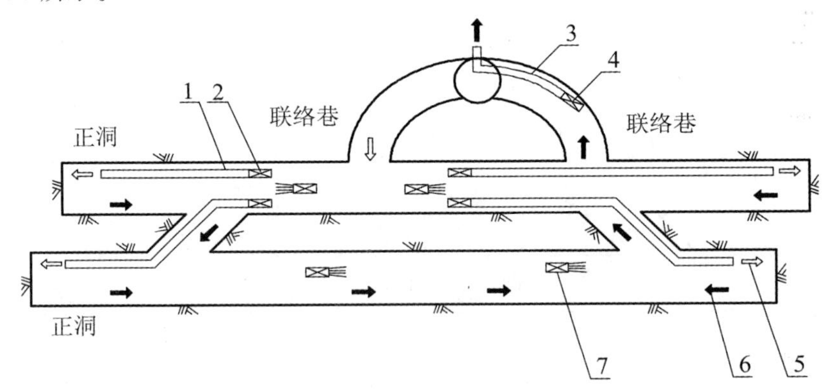

图1-30　单竖井双洞隧道射流巷道式通风系统示意图

1—送风管路；2—送风机；3—送风管路；4—排风机；5—新鲜空气；6—污染空气；7—射流风机

首先利用排风机将洞外的新风通过竖井和联络通道引入井底，再利用射流风机使之进入正洞，并让新风根据需要进行分配和流动。新鲜空气从竖井经井底的左联络通道进入正洞，经送风机经过送风管路送到掌子面，污浊空气从掌子面经隧洞汇流到设在井底右联络通道中的排风机入口，再由排风机经过排风管路排到洞外。

2）特　点

（1）新鲜空气被转送到掌子面。

（2）竖井为新鲜风流。

（3）送风管路可使用软风管，且管路的延长比较容易。

（4）通风断面大，耗电量少。

（5）风管需要量小，费用低。

（6）风机设在洞内易造成噪声污染。

3）实施要点

（1）射流风机最好安设在断面较小的洞内。

（2）不用的横通道要及时封闭，因施工需要，不能封闭的要安设风门，不能安设风门的，要用射流风机进行调控。

（3）通风管路的布设要平、直、顺，特别是转弯处要做到通顺，不转死角。

（4）送风管路出风口到掌子面的距离小于 5 倍隧道当量直径。

（5）放置排风机的右联络通道设置风门，以减少射流风机的使用量。

（6）进入正洞的风量主要取决于排风管的风量，选择的排风机容量必须能够满足总风量的需求。

（7）排风管的直径应尽可能大，这样就可选择风量大、压头低、功率相对较小的排风机。

（8）风机必须满足噪声标准要求。

6. 由主副竖井进入隧道双向并行施工的通风方式

由主副竖井进入双洞隧道并行施工是指设置主副两个竖井，进入正洞进行施工，正洞为两个平行双洞，两个方向、四个作业面同时施工，两洞之间由间隔一定距离的横通道连通。运输方式通常采用有轨运输，即为双竖井双正洞模式。

其通风方式与双斜井双正洞隧道并行掘进时大致相同。

7. 利用贯通斜井隧道多工作面同时施工的通风方式

1）通风方式

通常采用射流巷道式通风，系统布置方式如图 1-31 所示。

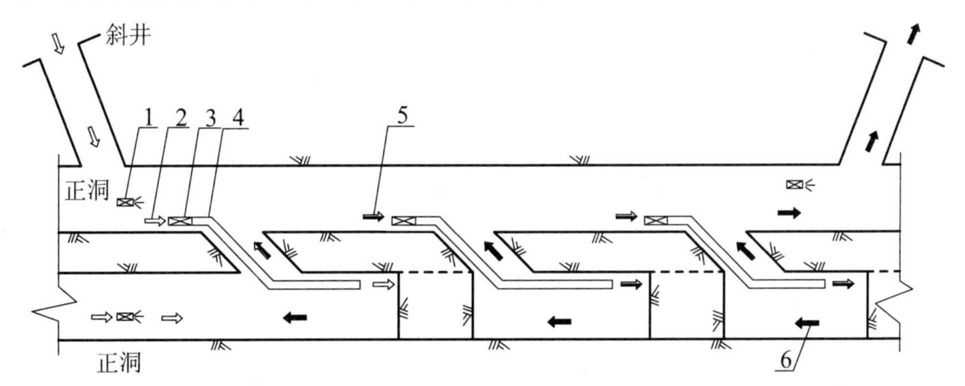

图 1-31　利用贯通斜井双洞多工作面施工射流巷道式通风示意图（有轨运输）

1—射流风机；2—新鲜空气；3—送风机；4—送风管路；

5—轻度污染空气；6—污染空气

利用自然风和射流风机在斜井贯通后的一个隧道内形成足够大的主风流。送风机分开布置在各个横通道的上风侧。送风管路通过各横通道进入不同的作业区，出风口设在掌子面附近。新鲜空气由送风机通过送风管路送到掌子面，稀释污染物，污浊空气则由作业面回流进入横通道，汇入主风流中，顺风流排到洞外。

特殊情况下，如无轨运输时，可采用送风机集中放置的方式，如图 1-32 所示。

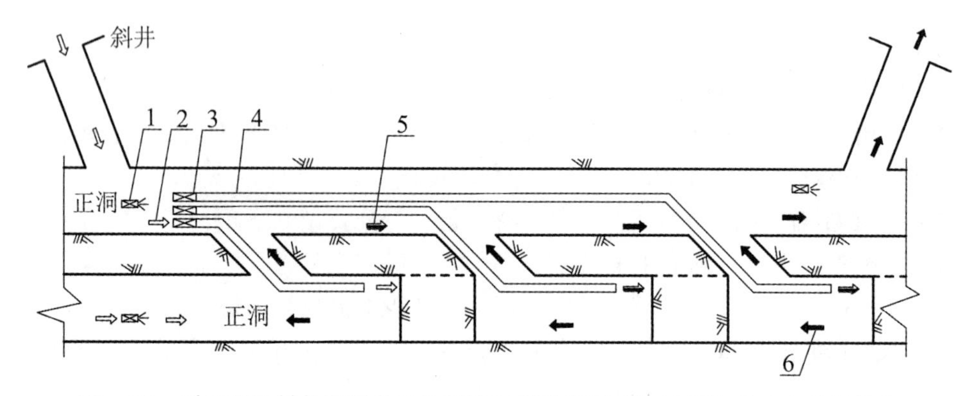

图 1-32　利用贯通斜井双洞多工作面施工射流巷道式通风示意图（有轨运输）

1—射流风机；2—新鲜空气；3—送风机；4—送风管路；5—轻度污染空气；6—污染空气

2）特　点

（1）新鲜空气被转送到掌子面。

（2）送风管路可使用软风管，且管路的延长比较容易。

（3）通风断面大，耗电量少。

（4）管路漏风对通风有正面作用。

（5）送风机分开放置时，设在下风流的送风机送到作业面并非完全新鲜的空气。

（6）风机设在洞内易造成噪声污染。

3）实施要点

（1）送风管路的布设要平、直、顺，特别是转弯处要做到通顺，不转死角。

（2）送风管路出风口到掌子面的距离小于 5 倍的正洞当量直径。

（3）射流风机要设置在断面较小的斜井内，且引射方向要与自然风方向一致。

（4）主风流要足够大，确保送风机的进风质量。

（5）送风机一定要布置在横通道的上风侧。

（6）当上游的炮烟经过时，暂时关掉下游的送风机。

（7）无轨运输时，车辆最好从排风斜井进出。

（8）风机必须满足噪声标准要求。

1.5　施工通风计算

1.5.1　风量计算

风量的计算主要是计算出各种情况下所需的通风量，如人员呼吸、稀释围岩散发出的有害气体、排出炮烟、稀释柴油机车尾气、排尘等的风量。在这些风量之中，如果能满足最大需风量的要求，通常情况下，也能满足其他项目所需风量的要求。因此，选择最大风量作为隧道的需风量。

1. 作业人员呼吸需风量

隧道作业人员呼吸出二氧化碳（CO_2），对隧道作业环境来说，同样是一种污染。当作业人员较多时，这种污染是不可忽视的。给每个作业人员呼吸所需的最低通风量可按式（1-4）计算：

$$Q_p = \frac{100c}{a-b} \tag{1-4}$$

式中　Q_p——每个作业人员呼吸所需的通风量（m^3/min）；

a——CO_2的允许浓度（%）；

b——大气中CO_2的允许浓度（%）；

c——每个作业人员呼出的CO_2量（m^3/min）。

由于a=0.5%，b=0.03%，$c=1.2\times10^{-3}\ m^3/min$，所以

$$Q_p = \frac{100\times1.2\times10^{-3}}{0.5-0.3}=0.3\ m^3/min \tag{1-5}$$

这样，只以作业人员呼出的CO_2为对象进行通风时，每位作业人员约需0.3 m^3/min风量。英国规范就是据此确定作业人员需风量。但是日本认为，用这样小的风量对作业环境进行有效通风很难，考虑到环境温湿度，劳动舒适度，需有适度的气流，应将上述风量加大10倍。我国隧道施工一般采用的是每人3 m^3/min，因此隧道内作业人员呼吸所需的总风量为：

$$Q_p=3N \tag{1-6}$$

式中　Q_p——隧道内作业人员呼吸所需的总通风量（m^3/min）；

N——隧道内作业人员数量。

2. 爆破排烟需风量

作业面爆破产生的炮烟主要包括一氧化碳、二氧化碳和氮氧化物等有毒气体及粉尘。爆破后排出炮烟需风量的计算是以一氧化碳为基础的，其计算公式和方法有很多。

1）送风式通风爆破排烟需风量

（1）沃洛宁公式

当风管出口到工作面的距离不大于（4~5）$A^{0.5}$时：

$$Q_b = \frac{0.456}{t}\sqrt[3]{\frac{Gb(AL_0)^2}{P_q^2C_a}} \tag{1-7}$$

式中　Q_b——爆破排烟工作需风量（m^3/min）；

t——通风时间（min）；

G——同时爆破的炸药量（kg）；

b——每千克炸药产生的CO（L/kg），一般取b=40 L/kg，遇到煤层时取b=100 L/kg；

A——隧道开挖的断面积（m^2）；

L_0——通风长度（m）；

P_q——通风区段内通风管始末端风量之比；

C_a——要求达到的CO浓度（%）。

（2）常见公式

目前在施工通风计算中使用最多的公式为：

$$Q_b = \frac{7.8}{t}\sqrt[3]{G(AL_0)^2} \tag{1-8}$$

该公式实际上就是沃洛宁公式在 b=40 L/kg、C_a=0.008%、P_q=1 时的简化公式。该公式最大的不足是按风管管路不漏来考虑，实际上工作面附近的管路破坏严重，维护质量低，漏风很大。

（3）《煤矿矿井风量计算方法》中的计算方法

其方法是按每公斤炸药爆破后稀释炮烟所需的新鲜风量为 500 m³ 计算，即：

$$Q_b = \frac{G \times 500}{t} \tag{1-9}$$

式中　t——通风时间（min）；

G——同时爆破的炸药量（kg）。

（4）推荐公式

对于以上几个公式，根据现场经验，推荐沃洛宁公式。但该公式中 C_a 为最高容许浓度（MAC），当要求的浓度标准为短时间接触容许浓度（PC-STEL），即 15 min 加权平均浓度时，计算公式变为：

$$Q_b = \frac{0.456}{t}\sqrt[3]{\frac{Gb(AL_0)^2}{P_q^2 C_{a15}} \frac{2t^2 + 15t}{2(t+15)^2}} \tag{1-10}$$

式中　C_{a15}——CO 要求达到的 15 min 加权平均浓度（%）。

其他符号意义同前。

2）排风式通风爆破排烟需风量

对于风机设在洞外采用硬风管的排风式通风来说，风量的计算主要采用沃洛宁计算法。当风管末端到工作面的距离不大于 1.5 $A^{0.5}$ 时，计算公式为：

$$Q_b = \frac{0.254}{t}\sqrt{\frac{GbAL_t}{C_a}} \tag{1-11}$$

式中　L_t——炮烟抛掷长度（m）。

当 b=40 L/kg，C_a=0.008%时，计算公式变为：

$$Q_b = \frac{18}{t}\sqrt{GSL_t} \tag{1-12}$$

式中符号意义同前。

同样，该公式中 C_a 为最高容许浓度（MAC），当要求的浓度标准为短时间接触容许浓度（PC-STEL）即 15 min 加权平均浓度时，计算公式为：

$$Q_b = \frac{0.254}{t}\sqrt{\frac{GbAL_t}{C_a} \frac{t}{t+15}} \tag{1-13}$$

3）混合式通风爆破排烟需风量

（1）沃洛宁公式

混合式通风的排烟过程与送风式通风基本相同，所不同的是，炮烟排出到排风管路的入口时进入了排出管路，排烟风量计算的公式为：

$$Q_b = \frac{0.456}{t}\sqrt{\frac{Gb(AL_0)^2}{P_q^2 C_a}} \tag{1-14}$$

式中符号意义同前。

（2）日本计算公式

$$Q_b = 0.368\frac{P}{Rat} \tag{1-15}$$

式中　P——爆破后有害物质的发生量（m^3）；

R——通风效率。

3. 按允许最低风速计算风量

粉尘多是由混凝土喷射、装渣运输作业所产生，汽车的排烟也是一个因素。如果知道粉尘的发生量，计算粉尘的风量就非常简单，可按下式计算：

$$Q_d = \frac{M}{n} \tag{1-16}$$

式中　Q_d——作业面排尘所需风量（m^3/min）；

M——作业面呼吸性粉尘生成量（mg/min）；

n——允许含尘量（mg/min）。

因为粉尘的产生量难以确定，以粉尘为对象的通风量计算比较困难，故可根据隧道内风速和工作面以外的洞内粉尘浓度的相关性在调查基础上进行推算，如洞内风速在0.3 m/s左右，粉尘浓度多可稀释到2 mg/m^3以下，所以，国外都规定风速大于0.3 m/s。

4. 按稀释和排出内燃机废气计算供风量

使用内燃机动力设备时，隧道的通风量应足够将设备所排出的废气全部稀释和排出，使隧道内各主要作业地点空气中有害气体的浓度降至允许以下。

1）按隧道施工规范计算

根据隧道施工规范，稀释内燃设备废气所需的总风量为：

$$Q_s = 3\sum_{i=1} N_i \tag{1-17}$$

式中　Q_s——稀释内燃设备废气所需的总风量（m^3/min）；

N_i——每种内燃设备的额定功率（kW）。

2）英国的有关规定

英国 BS6164—2001 建议按隧道截面面积供应风量为 9 m^3/（min · kW），再加上柴油机 1.9 m^3/（min · kW）风量；按机械设备（特别是柴油机设备）供应风量时，建议对严格控制为期排放的机械，至少提供 3.0 m^3/（min · kW）的新鲜空气。

3）南非的有关规定

按内燃机额定功率供风时，最小供风量 6.0 m^3/（min · kW）。

4）国际隧协的有关规定

国际隧协规定柴油机械按额定功率计算最小供风量为 4 m^3/（min · kW）。

5）建　议

根据我国车辆的实际情况，建议供风标准为每千瓦额定功率 4.5 m^3/min，最低也应按国际隧协的标准，即最小风量供风量为每千瓦 4 m^3/min。

5. 按瓦斯涌出量计算风量

若工作面有瓦斯涌出，必须供给工作面充足的风量，冲淡、排出瓦斯，保证瓦斯浓度在允许浓度以下。即：

$$Q_g = \frac{100 q_{CH_4}}{C_a - C_0} K \qquad (1-18)$$

式中　Q_g——排出瓦斯所需风量（m^3/min）；

q_{CH_4}——工作面瓦斯涌出量（m^3/min）；

C_a——工作面允许瓦斯浓度，取 1%；

C_0——送入工作面的风流中瓦斯的浓度；

K——瓦斯涌出不均衡系数，K=1.5~2。

1.5.2　管路漏风计算

隧道独头施工中，常采用管路通风把新鲜空气送到施工作业面，把有害气体和粉尘等从工作面排出，以创造必要的作业环境，满足施工需要，管路漏风是管路通风的主要问题，管路漏风率是评价管路安装质量好坏的主要标准，是确定风机供风量的主要依据之一。

1. 应用平均百米漏风率理论的近似计算

平均百米漏风率是指每 100 m 管路平均漏风量占风机供风量 Q_f 的百分比。

$$P_{100} = \frac{Q_f - Q_0}{Q_f - L\%} \times 100\% \qquad (1-19)$$

式中　P_{100}——管路平均百米漏风率；

Q_f——风机供风量（m^3/min）；

Q_0——管路末端风量（m^3/min）；

L——管路长度（m）。

该公式的实质是假设各百米漏风量相同。

风管总漏风量：

$$q_L = Q_f P_{100} \frac{L}{100} \qquad (1-20)$$

2. 应用高木英夫理论的近似计算

$$Q_0 = Q_f e^{-ZL} \qquad (1-21)$$

式中　L——管路长度（m）。

其他符号意义同前。

该公式的实质是管路各处的百米漏风率为定值。

3. 应用青函隧道理论的近似计算

$$Q_{\mathrm{f}}=\frac{Q_0}{(1-\beta)^{\frac{L}{100}}} \tag{1-22}$$

式中　β——百米漏风率平均值。

其他符号意义同前。

该公式的实质是管路各处的百米漏风率为定值。

4. 应用管路末端百米漏风率计算

管路末端漏风率只取决于管路末端的漏风风阻和通风风阻之比，而与管内风量无关。应用管路末端百米漏风率计算公式如下：

$$Q_{\mathrm{f}}=\left(1+\frac{1-\sqrt{1-M_{100}}}{\sqrt{1-M_{100}}}\left(\frac{L}{100}\right)^{\frac{3}{2}}\right)^2 \tag{1-23}$$

式中　M_{100}——末端百米漏风率。

其他符号意义同前。

5. 应用沃洛宁理论的近似计算

对于硬风管管路来说：

$$Q_{\mathrm{f}}=\phi Q_0 \tag{1-24}$$

$$\phi=\left(1+\frac{1}{3}dmk\sqrt{R_0}L^{\frac{3}{2}}\right) \tag{1-25}$$

式中　ϕ——风管漏风备用系数；

d——风管直径（m）；

R_0——风管直径（m）；

m——单位长度管路风管接头数（m）；

k——直径为 1 m 的风管每个接头的漏风系数。

其他符号意义同前。

1.5.3　管路通风阻力计算

通风阻力是选择风机的主要依据，包括摩擦阻力和局部阻力。

1. 摩擦阻力

当管路不漏风时，计算公式为：

$$h_{\mathrm{f}}=\lambda\frac{L}{d}\frac{v^2}{2}\rho \tag{1-26}$$

式中　h_{f}——管路的摩擦阻力（Pa）；

λ——摩擦系数；

L——管路长度（m）；

d——管路直径（m）；

v——管路内风流速度（m/s）；

ρ——空气密度（kg/m^3）。

当管路不漏风时，计算公式为：

$$h_f = \frac{400\lambda\rho}{\pi^2 d^5} \frac{1-(1-\beta)^{-\frac{2L}{100}}}{\ln(1-\beta)} Q_0^2 \tag{1-27}$$

式中 h_f——管路的摩擦阻力（Pa）；

λ——摩擦系数；

L——风管长度（m）；

d——过风断面当量直径（m）；

β——风管百米漏风率；

Q_0——风机工作点风量（m^3/s）。

2. 局部阻力

风流流经突然扩大或缩小、转弯交叉等的管路时，会产生能量消耗，其计算公式如下所示。

1）突然扩大或缩小的局部阻力

$$h_x = \xi \frac{v^2}{2} \rho \tag{1-28}$$

式中 h_x——管路的局部阻力（Pa）；

ξ——摩擦系数；

v——管路小断面处的风速（m/s）；

Q_0——通过局部点的风量（m^3/s）。

2）其他各种局部阻力

其他各种局部阻力的计算可由相关表查出局部阻力系数，然后计算对应的风速和断面面积即可。

3）隧道通风阻力

由于隧道的断面面积远大于通风管路的断面面积，在计算通风阻力时通常会忽略不计，但当风管的直径相对隧道的断面面积较大时，或隧道很长时，隧道的通风阻力就不能被忽略。

1.6 施工通风设备与选择

施工通风设备主要就是通风机和通风管，通风机是通风系统的动力源，通风管是通风系统的风流通道。

1.6.1 通风机

1. 通风机的种类

风机是我国对气体压缩和气体输送机械的习惯简称，它包括通风机、鼓风机和压缩机，它们的区别在于出口风压不同。通风机的风压不小于 15 kPa；鼓风机的风压为 15~340 kPa；压缩机的风压大于 340 kPa。

通风机是风机的一种，但人们通常简称为风机。按气体流动方向的不同，通风机主要分为离心式、轴流式、斜流式和横流式等类型。

离心式风机工作时，动力机驱动叶轮在蜗形机壳内运转，空气经吸气口从叶轮中心处吸入。由于叶片对气体的动力作用，气体压力和速度得以提高，并在离心力作用下沿着叶道甩向机壳,从排气口排出。离心通风机按压力大小又可分为:低压离心通风机(1 kPa 以下）；中压离心通风机（1~3 kPa）；高压离心通风机（3~15 kPa）。

轴流式通风机工作时，动力机驱动叶轮在圆筒形机壳内旋转，气体从集流器进入，通过叶轮获得能量，提高压力和速度，然后沿轴向排出。轴流通风机按压力大小又可分为：低压轴流通风机（0.5 kPa 以下）；高压轴流通风机（0.5~15 kPa）。

斜流通风机又称混流通风机，在这类通风机中，气体以与轴线成某一角度的方向进入叶轮，在叶道中获得能量，并沿倾斜方向流出。这种通风机兼有离心式和轴流式的特点，流量范围和效率均介于两者之间。

横流通风机是具有前向多翼叶轮的小型高压离心通风机。气体从转子外缘的一侧进入叶轮，然后穿过叶轮内部从另一侧排出，气体在叶轮内受到两次叶片的力的作用。在相同性能的条件下，它的尺寸小、转速低。

2. 隧道施工用通风机的种类

隧道施工用通风机大部分为轴流风机。其因风压低、风量大，串联方便，在隧道施工通风中被广泛应用。离心风机很少在隧道施工通风中使用。

1）按转速分

（1）单速风机。转速为固定值的风机称为单速风机。

（2）变速风机。转速可变的风机称为变速风机。根据变速原理又可分为变极调速风机和变频调速风机。变极调速风机是通过改变电机极对数的方法来实现调速，为有级调速；变频调速风机是通过变频器改变电机的电源频率来实现调速，为无级调速。

2）按级数分

（1）单级风机。有一组叶片和一台电机组成的风机称为单级风机。

（2）二级风机。由两台单级风机串联组成的风机称为二级风机。根据两级叶轮的排列方式和转动方向不同又分为对旋风机和非对旋风机。

（3）多级风机。有三台以上单级风机串联组成的风机称为多级风机。若单级风机两两对旋则称为对旋多级风机；否则，为非对旋多级风机。

3）按用途分

（1）主通风机。在巷道式通风中，用于全隧道，通过巷道向隧道内提供全部风量的通风机称为主通风机。矿井通风中称为主要扇风机，简称主扇。

（2）局部通风机。在巷道式通风中，用于局部作业面，通过通风管路向工作面送风的风机，称为局部通风机。矿井通风中称为局部扇风机，简称局扇。

（3）射流风机。在巷道式通风中，利用高速射流风机，诱导隧道或航道内空气定向流动的风机，称为射流风机。

3. 通风机的性能

1）风机的性能参数

表示风机性能的主要参数有风量 Q、风压 H、风机轴功率 N 和效率等。

（1）风机流量

风机的流量一般是指单位时间内通过风机入口空气的体积，亦称体积流量（无特殊说明时均指在标准状态下），单位为 m^3/h、m^3/min 或 m^3/s。

（2）风机（实际）全压 H_t 和静压 H_s

风机的全压 H_t 是风机对空气做功，消耗 1 立方米空气的能量，单位为 $N \cdot m/m^3$ 或 Pa，其值为风机出口风流的全压与入口风流的全压之差。在忽略自然风压时，对于负压排风式通风来说，H_t 用以克服通风管网阻力 h_R 和风机出口动能损失 h_v。克服管网的阻力的风压称为通风机的静压 H_s，即风机全压等于静压与风机出口动能损失之和。

（3）风机的功率

风机的输出功率（又称空气功率）以全压计算时称全压功率 N_t（kW），用下式计算：

$$N_t = \frac{H_t Q}{1000} \tag{1-29}$$

用静压风机计算输出功率，称为静压 N_s，即

$$N_s = \frac{H_s Q}{1000} \tag{1-30}$$

因此，风机的轴功率，即通风机的输入功率 N（kW）：

$$N = \frac{N_t}{\eta_t} = \frac{H_t Q}{1000\eta_t} \tag{1-31}$$

或

$$N = \frac{N_s}{\eta_s} = \frac{H_s Q}{1000\eta_s} \tag{1-32}$$

式中 η_t, η_s——风机的全压和静压效率。

（4）风机的效率

风机效率是指风机输出功率与输入功率之比的百分数。反映风机在传递能量的过程中轴功率有效利用的程度，用 η_s 表示。全压功率 N_t 与输入功率 N 之比的百分数称为全压效率。静压功率 N_s 与输入功率 N 之比的百分数称为静压效率。

$$\eta_t = \frac{N_t}{N} \times 100\% \tag{1-33}$$

$$\eta_s = \frac{N_s}{N} \times 100\% \tag{1-34}$$

2）风机的个体特性曲线

当风机以某一转速在风阻 R 的管路上工作时，可测算出一组工作参数风压 H、风量

Q、功率 N 和效率 η，这就是该风机在管路风阻为 R 时的工况点。改变管路的风阻，便可得到另一组相应的工作参数，通过多次改变管路风阻，可得到一系列工况参数。将这些参数对应描绘在以 Q 为横坐标，以 H、N 和 η 为纵坐标的直角坐标系上，并用光滑曲线分别把同名参数点连接起来，即得 H-Q、N-Q 和 η-Q 曲线，这些曲线称为通风机在该转速条件下的个体特征曲线。

图 1-33 和图 1-34 分别为轴流式和离心式通风机的个体特征曲线示例。轴流式通风机的风压特性曲线一般都有马鞍形驼峰存在。而且同一台通风机的驼峰区随叶片装置角度的增大而增大。驼峰点 D 以右的特性曲线为单调下降区段，是稳定工作区；点 D 以左是不稳定工作区，风机在该区工作，有时会引起风机风量、风压和电动机功率的急剧波动，甚至机体发生震动，发出不正常噪声，严重时会破坏风机。离心式通风机风压曲线驼峰不明显，且随叶片后倾角增大逐渐减小，其风压曲线工作区较轴流式通风机平缓；当管路风阻做相同量的变化时，其风量变化比轴流式通风机要大。

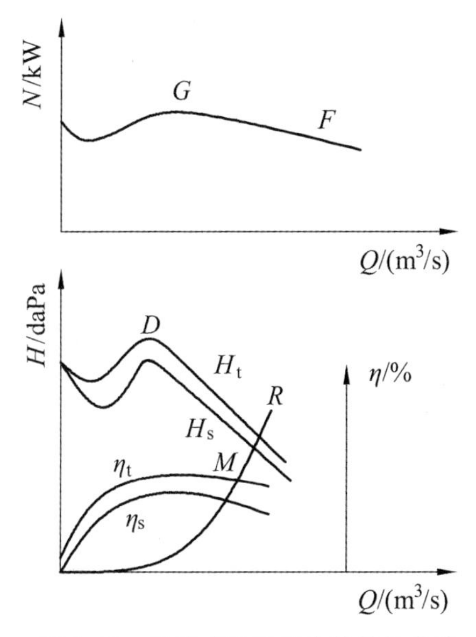

图 1-33　轴流式通风机个体特性曲线

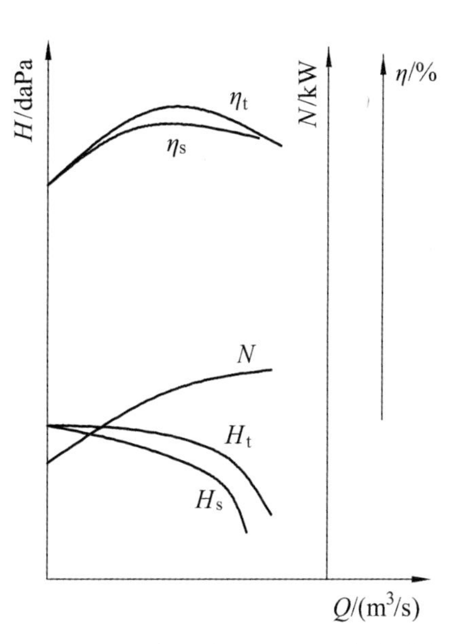

图 1-34　离心式通风机个体特性曲线

3）风机工况点的合理工作范围

为使通风机安全、经济地运转，它在整个服务期内的工况点必须在合理的范围之内。

从经济的角度出发，通风机的运转效率不应低于 60%从安全方面来考虑，其工况点必须位于驼峰点的右下侧、单调下降区段上。由于轴流式通风机的性能曲线存在马鞍形区段，为了防止风阻偶尔增加等原因，使工况点进入不稳定区，一般限定实际工作风压不得超过最高风压的 90%。

4）通风机的串联与并联

需要增加风机的风量时，可采用几台风机并联的方法；需要增加静压时，可采用几台风机串联的方法。这些方法要仔细研究风管阻力和风机特性，以防达不到预期目的的情况发生。

（1）风机串联工作

一台风机的进风口直接或通过一段管路（或巷道连接）到另一台风机的出风口上同时运转，称为风机串联工作。串联方式有集中串联、间隔串联和断开串联。

风机集中串联和间隔串联工作的特点是，通过管路的总风量等于每台风机的风量（没有漏风），两台风机的工作风压之和等于所克服管路的阻力。即

$$h = H_{s1} + H_{s2} \tag{1-35}$$

$$Q = Q_1 = Q_2 \tag{1-36}$$

式中　h——管网的阻力（Pa）；

Q——管网的总风量（m^3/s）；

H_{s1}，H_{s2}——1、2 两台风机的静压（Pa）；

Q_1，Q_2——1、2 两台风机的风量（Pa）。

而断开串联则不存在这样的特点。

集中串联如图 1-35 所示，风机 F_1 和 F_2 之间不接任何通风管道，直接串联在一起的方式，称为集中串联。

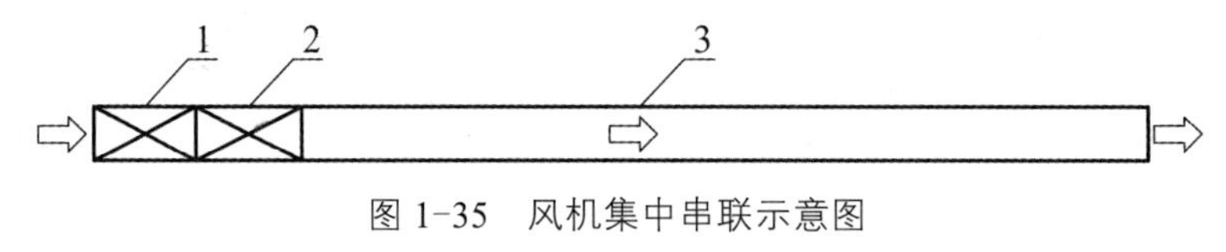

图 1-35　风机集中串联示意图

1—风机 F_1；2—风机 F_2；3—管路 L

间隔串联如图 1-36 所示，风机 F_1 和 F_2 之间通过一段管路 L_0 串联在一起的工作方式，称为间接串联。

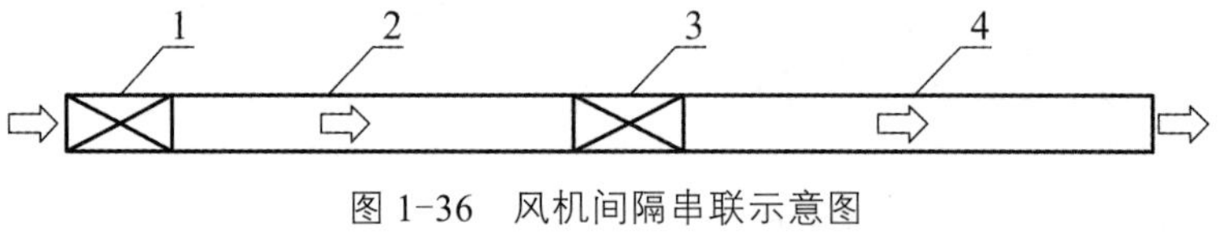

图 1-36　风机间隔串联示意图

1—风机 F_1；2—风机 F_2；3—管路 L

断开串联如图 1-37 所示，风机 F_1 和 F_2 之间通过一段管路断开串联在一起的工作方式，称为断开串联。

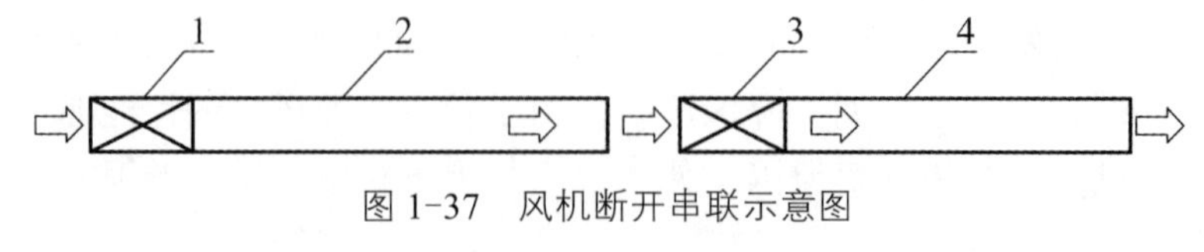

图 1-37　风机断开串联示意图

1—风机 F_1；2—管路 L_0；3—风机 F_2；4—管路 L

（2）风机并联工作

如图 1-38 和 1-39，两台风机的进风口直接通过一段巷道连接在一起的工作方式叫通风机并联。风机并联有集中并联和对角并联之分。图 1-6 为集中并联，图 1-7 为对角并联。

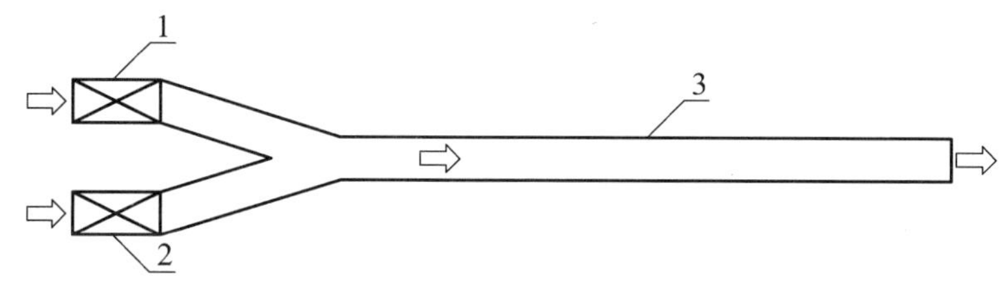

图 1-38　集中并联示意图

1—风机 F_1；2—风机 F_2；3—管路 L

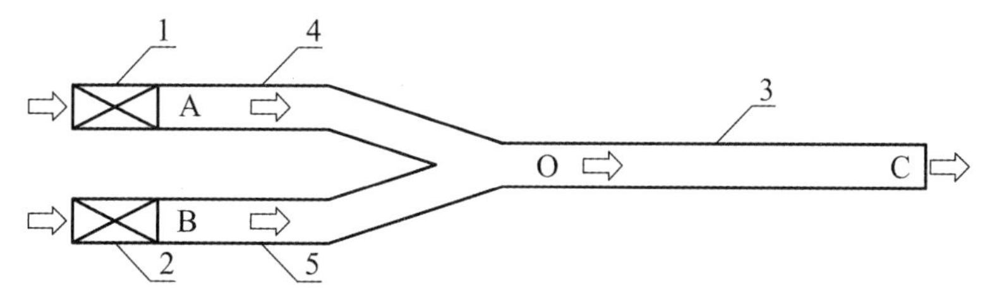

图 1-39　对角并联示意图

1—风机 F_1；2—风机 F_2；3—管路 OC；4—管路 AO；5—管路 BO

集中并联的工作特点是，两台风机的进风口（或出风口）视为连接在同一点，两台风机的静压均等于管路阻力，通过管路的风量等于两台风机风量之和。即

$$h = H_{s1} = H_{s2} \tag{1-37}$$

$$Q = Q_1 + Q_2 \tag{1-38}$$

式中符号意义同前。

在对角并联中，风机 F_1 和风机 F_2 分别减去管路 OA 和管路 OB 的阻力，可等效成风机 F_4 和风机 F_5，这样就等效成风机 F_4 和风机 F_5 并联于 O 点，工作特点与集中并联相同。

1.6.2　通风管

1. 风管的种类

隧道施工通风中常用的风管有软风管、硬风管和伸缩性风管。

软风管是用涂塑或浸塑布制成，基布为涤纶、维纶等纺织物，质量小，拆装搬运方便，漏风小，适合作大直径风管。只能用于正压通风。

硬风管一般为铁风管，通常采用法兰盘连接。也有玻璃钢风管，国外还有铝塑管、玻璃纤维塑料管，它们通常为板材在现场加工成型。可用于正压通风也可用于负压通风。

伸缩性风管通常为软风管加钢圈而制成，主要用于负压通风，由于阻力较大，使用于短距离通风。

另外，还有一种专门用于瓦斯隧道的风管，它具有阻燃和抗静电的性能。

2. 风管的性能

风管的性能指标主要是百米漏风率、百米风阻、摩擦系数（达西系数）、耐压性能和直径变化率。现在隧道施工通风应用最多的是拉链软风管，因此下面主要介绍软风管性能。

国标《橡胶或塑料涂覆织物导风筒》（GB/T 9900—2008）给出了导风筒应达到的性能指标，即导风筒的百米风阻和百米漏风率应符合表 1-9 的规定，导风筒的耐压性能和直径变化率则应符合表 1-10 的规定。百米风阻和百米漏风率的测定按照《风筒漏风率和风阻的测定方法》（GB/T 15335—2006）进行，而耐压性能和直径变化率可参照《橡胶或塑胶涂覆织物拉伸长度和拉断伸长率的测定》（HG/T 2580—2008）方法。

表 1-9　导风筒的百米风阻和百米漏风率

导风筒直径/mm	正压导风筒		负压导风筒	
	百米风阻/（N·S^2/m^8）	百米漏风率/%	百米风阻/（N·S^2/m^8）	百米漏风率/%
300	≤811	≤4	≤1728	≤5
400	≤196		≤410	
500	≤54		≤134	
600	≤24		≤54	
800	≤6		≤13	
1 000	≤2		≤4	
1 200	≤1		≤1.5	
1 200 以上	≤1		≤1	

表 1-10　导风筒的耐压性能和直径变化率

导风筒直径/mm	正压导风筒		负压导风筒	
	风压（正）/Pa	百米膨胀率/%	风压（负）/Pa	百米膨胀率/%
300~500	＞5 100	≤3	＞5 000	≤3
600 及以上	＞5 100	≤3	＞4 000	≤3

百米风阻为：

$$R_{100}=\frac{100\alpha U}{A^3}=\frac{6\,400\alpha}{\pi^2 d^5} \tag{1-39}$$

$$\alpha=\frac{\rho}{8}\lambda \tag{1-40}$$

可以看出，百米风阻与风管直径的 5 次方成反比，与摩擦阻力系数成正比，它反映风管的阻力特性。根据以上公式和表 1-9，可计算得出对应于不同直径和百米风阻的摩擦阻力系数和摩擦系数标准，见表 1-11。

摩擦系数（达西系数）λ 主要取决于所用风管内壁的相对光滑度，它对通风阻力影响很大。瑞士把风管分成 S、A、B 三个等级，等级不同 λ 不同，见表 1-12。

表 1-11　导风筒的百米风阻、摩擦阻力系数关系

导风筒直径/mm	正压导风筒			负压导风筒		
	百米风阻/（$N\cdot S^2/m^8$）	摩擦阻力系数/（$N\cdot S^2/m^8$）	摩擦系数	百米风阻/（$N\cdot S^2/m^8$）	摩擦阻力系数/（$N\cdot S^2/m^8$）	摩擦系数
300	811	0.003 0	0.020 3	1 728	0.006 5	0.043 2
400	196	0.003 1	0.020 6	410	0.006 5	0.043 2
500	54	0.002 6	0.017 3	134	0.006 5	0.043 0
600	24	0.002 9	0.019 2	54	0.006 5	0.043 2
8 000	6	0.003 0	0.020 2	13	0.006 6	0.043 4
1 000	2	0.003 1	0.020 6	4	0.006 2	0.041 1
1 200	1	0.003 8	0.025 6	1.5	0.005 8	0.038 4

表 1-12　摩擦系数取值

风管等级	摩擦阻力系数	有效漏风面积 f^*/（mm^2/m^2）
S 级	0.015	5
A 级	0.018	10
B 级	0.024	20

1.6.3　通风设备的选择

通风设备一般先选择风管，后选择风机。有时需要再根据风机的选择结果，对所选风管进行适当的调整。

1. 风管的选择

风管的选择原则：

（1）风管直径应能保证在最大送风距离时，风机风量能满足作业面的需风量。

（2）在隧道断面许可的条件下，尽可能选择直径较大的风管，以降低通风阻力，节约通风能耗。

（3）风管的百米漏风率和摩擦系数要小。

（4）易于搬运安装和维护，结实耐用。

（5）瓦斯隧道还应具有阻燃和抗静电性能。

2. 风机的选择

1）选择风机的主要原则

（1）风机应能满足最大送风距离的供风需要。

（2）风机工作点不能处在喘振区，应在合理的工作范围内并尽可能靠近最高效率点。

（3）选择低噪、高效节能风机。

（4）瓦斯隧道应选择防爆型风机。

2）选择风机的步骤

通风机的选择与风管的选择密切相关，在风管选定以后，风机的选择步骤如下：

（1）根据所需通风量、风管的漏风和摩擦系数，以及最大送风距离，计算出需要的风机出口风量和风压。

$$Q = F_Q(x_1, x_2, x_3, x_4) \tag{1-41}$$

$$H_t = F_H(x_1, x_2, x_3, x_4) \tag{1-42}$$

（2）根据所需要的风机供风量和风压，计算出需要的风机的有效功率。

$$N_t = QH_t \tag{1-43}$$

（3）根据风机的全压效率、电动机的效率及传动效率，算出电动机的输入功率。

$$N_m = \frac{QH_t}{\eta_t \eta_m \eta_{tr}} \tag{1-44}$$

（4）根据所需要的风机供风量、风压和功率确定备选的风机。

（5）根据备选风机的特性曲线和风管的特性曲线，确定工作点。

（6）根据风机工作点的风量和风压反算作业面的有效风量，看能否满足需风量，如满足，就确定所选择的风机。

习　题

1.1　地下空间施工期空气中常见的有害气体有哪些？

1.2　各行业地下工程相关规范对地下工程施工过程中作业环境有哪些规定？

1.3　隧道内要形成自然风流必须具备哪些因素？

1.4　自然风压的影响因素有哪些？

1.5　常见的隧道施工期间自然通风方式有哪些？各有什么特征？

1.6　隧道施工期间基本的机械通风方式有哪些？各有什么特征？

第 2 章　公路隧道运营通风

【本章重难点内容】

（1）公路隧道内有害气体的危害及公路隧道运营的卫生标准。

（2）从稀释烟雾、稀释一氧化碳及换气需求这三个方面计算公路隧道的需风量。

（3）公路隧道的各类运营通风方式及其特点。

（4）纵向通风的压力模式和计算方法。

（5）选择公路隧道通风方式的原则。

2.1　公路隧道运营的卫生标准

在车辆的行驶过程中，隧道内的有害气体浓度不断升高，其中 CO、NO_2浓度达到一定量值时将引起驾乘人员的身体不适；烟雾浓度过高会降低隧道内的能见度而影响行车安全。因此，必须进行隧道通风使空气组成成分能够满足隧道内行车安全、卫生、舒适的要求。我国《公路隧道通风设计细则》（JTG/T D70/2—02—2014）规定，公路隧道设计行车安全标准以稀释机动车排放的烟尘为主；公路隧道设计行车卫生标准以稀释机动车排放的一氧化碳（CO）为主，必要时可考虑稀释二氧化氮（NO_2）；公路隧道设计行车舒适性标准以换气稀释机动车带来的异味为主。

公路隧道中常见有害气体的毒性叙述如下：

（1）一氧化碳对血红蛋白有强烈的亲和力，其与血红蛋白结合成碳氧血红蛋白之后，使血红蛋白失去荷氧能力，导致肌体各组织缺氧。

（2）氮氧化合物被人体吸入后，在呼吸系统的深处溶解成亚硝酸盐和硝酸，有刺激性，可造成喉咙和支气管充血，并且与细胞组织中的碱类中和形成硝酸盐和亚硝酸盐，又致使动脉扩张、血压下降，引起头痛和头晕。

（3）二氧化硫被人体吸入溶解后形成亚硫酸，对上呼吸道及眼睛有强烈刺激性。

（4）烟尘含有未燃烧完全的碳氢化合物，被人体吸入后会刺激人的咽喉和呼吸道。烟尘另一个害处是影响隧道内的能见度和驾驶员视觉。

（5）醛类包括甲醛和乙醛，对眼睛和呼吸系统都有刺激作用，并且有不良气味。

2.1.1　烟雾设计浓度

隧道内烟雾设计浓度 K 取值应符合下列规定：

（1）采用显色指数 $33 \leqslant R_a \leqslant 60$、相关色温为 2 000~3 000 K 的钠光源时，烟雾设计浓度 K 应按表 2-1 取值。

表 2-1 烟雾设计浓度 K（钠光源）

设计速度 v_t/（km/h）	≥90	60≤v_t≤90	50≤v_t<90	30<v_t<50	v_t≤30
烟雾设计浓度 K/m^{-1}	0.006 5	0.007 0	0.007 5	0.009 0	0.012 0*

注：① 指此工况下应采取交通管制或关闭隧道等措施。
② 采用显色指数 R_a≥65、相关色温为 3 300~6 000 K 的荧光灯、LED 灯等光源时，烟雾设计浓度 K 应按表 2-2 取值。

表 2-2 烟雾设计浓度 K（荧光灯、LED 灯等光源）

设计速度 v_t/（km/h）	≥90	60≤v_t≤90	50≤v_t<90	30<v_t<50	v_t≤30
烟雾设计浓度 K/m^{-1}	0.005 0	0.006 5	0.007 0	0.007 5	0.012 0*

注：① 指此工况下应采取交通管制或关闭隧道等措施。
② 双洞单向交通临时改为单洞双向交通时，隧道内烟雾允许浓度不应大于 0.012 0 m^{-1}。
③ 隧道内养护维修时，隧道作业段空气的烟雾允许浓度不应大于 0.003 0 m^{-1}。

2.1.2 一氧化碳（CO）和二氧化氮（NO_2）设计浓度

隧道内 CO 和 NO_2 的设计浓度取值应符合下列规定：

（1）正常交通时，隧道内 CO 设计浓度可按表 2-3 取值。

表 2-3 CO 设计浓度 CO

隧道长度/m	≤1 000	≥3 000
δ_{CO}/（cm^3/m^3）	150	100

注：隧道长度为 1 000 m<L<3 000 m 时，可按线型插入法取值。

（2）交通阻滞时，阻滞段的平均 CO 设计浓度 δ_{CO} 可取 150 cm^3/m^3，同时经历时间不宜超过 20 min。

（3）隧道内 20 min 内的平均 NO_2 设计浓度 δ_{CO_2} 可取 1.0 cm^3/m^3。

（4）人车混合通行的隧道，隧道内 CO 设计浓度不应大于 70 cm^3/m^3，隧道内 60 min 内 NO_2 设计浓度不应大于 0.2 cm^3/m^3。

（5）隧道内养护维修时，隧道作业段空气中的 CO 允许浓度不应大于 30cm^3/m^3，NO_2 允许浓度不应大于 0.12 cm^3/m^3。

2.1.3 换气要求

隧道内换气要求应符合下列规定：

（1）隧道空间最小换气频率不应低于每小时 3 次。

（2）采用纵向通风的隧道，隧道换气风速不应低于 1.5 m/s。

2.2 需风量计算

《公路隧道通风设计细则》（JTG/T D70/2—02—2014）对于需风量计算的一般规定有：

（1）设计小时交通量以及相对应的机动车有害气体排放量均应与各设计目标年份相匹配。

（2）机动车有害气体基准排放量宜均以 2000 年为起点，按每年 2%的递减率计算至设计目标年份获得的排放量，作为隧道通风设计目标年份的基准排放量，最大折减年限不宜超过 30 年。

（3）当隧道所在路段交通组成中有新型环保发动机车辆时，其有害气体排放量应该单独计算。

（4）确定需风量时，应对稀释烟尘、CO 按隧道设计速度以下各工况车速 10 km/h 为一档分别进行计算，并计算交通阻滞和换气的需风量，取较大者作为设计需风量。

2.2.1 稀释烟雾需风量

烟雾的排放量可按式（2-1）计算：

$$Q_{\mathrm{VI}}=\frac{1}{3.6\times10^{6}}q_{\mathrm{VI}}f_{\mathrm{a(VI)}}f_{\mathrm{d}}f_{\mathrm{h(VI)}}f_{\mathrm{iv(VI)}}L\sum_{m=1}^{n_{\mathrm{D}}}\left[N_{\mathrm{m}}f_{\mathrm{m(VI)}}\right] \tag{2-1}$$

式中 Q_{VI}——隧道烟雾排放量（$\mathrm{m^3/s}$）；

q_{VI}——设计目标年份的烟雾基准排放量[$\mathrm{m^3}$/（veh·km）]，2000 年的烟雾基准排放量应取 2.0 $\mathrm{m^3}$/（辆·km）；

$f_{\mathrm{a(VI)}}$——考虑烟雾的车况系数，对高速、一级公路取 1.0，对二、三、四级公路取 1.2~1.5；

f_{d}——车密度系数，按表 2-4 取值；

$f_{\mathrm{h(VI)}}$——考虑烟雾的海拔高度系数，按表 2-4 取值；

$f_{\mathrm{iv(VI)}}$——考虑烟雾的纵坡-车速系数按表 2-5 取值；

n_{D}——柴油车车辆类别数；

N_{m}——相应车型的交通量（veh/h）；

$f_{\mathrm{m(VI)}}$——考虑烟雾的柴油车车型系数，按表 2-6 取值。

表 2-4 车密度系数 f_{d}

工况车速/（km/h）	100	80	70	60	50	40	30	20	10
f_{d}	0.6	0.75	0.85	1	1.2	1.5	2	3	6

表 2-5 考虑烟雾的纵坡-车速系数 $f_{\mathrm{iv(VI)}}$

工况车速/（km/h）	隧道行车纵坡方向 i/%								
	−4	−3	−2	−1	0	1	2	3	4
80	0.30	0.40	0.55	0.80	1.30	2.60	3.70	4.40	—
70	0.30	0.40	0.55	0.80	1.10	1.80	3.10	3.90	—
60	0.30	0.40	0.55	0.75	1.00	1.45	2.20	2.95	3.70
3.7	0.30	0.40	0.55	0.75	1.00	1.45	2.20	2.95	3.70
40	0.30	0.40	0.55	0.70	0.85	1.10	1.45	2.20	2.95
30	0.30	0.40	0.50	0.60	0.72	0.90	1.10	1.45	2.00
10~20	0.30	0.36	0.40	0.50	0.60	0.72	0.85	1.03	1.25

表 2-6　考虑烟雾的柴油车车型系数 $f_{m(VI)}$

小型客车、轻型货车	中型货车	重型货车、大型客车	托挂车、集装箱车
0.4	1.0	1.5	3.0

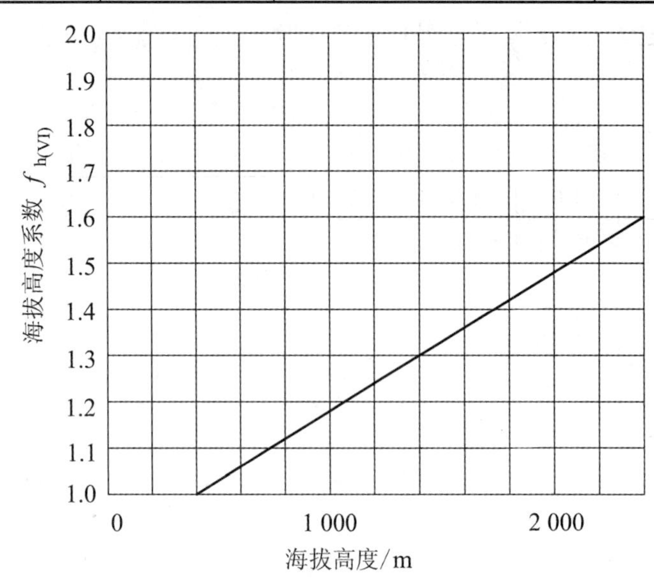

图 2-1　考虑烟雾的海拔高度系数 $f_{h(VI)}$

稀释烟雾的需风量可按式（2-2）计算：

$$Q_{req(VI)}=\frac{Q_{VI}}{K} \tag{2-2}$$

式中　$Q_{req(VI)}$——隧道稀释烟雾的需风量（m^3/s）；

K——烟雾设计浓度（m^{-1}）。

2.2.2　稀释 CO 需风量

CO 的排放量可按式（2-3）计算：

$$Q_{CO}=\frac{1}{3.6\times10^6}q_{CO}f_af_df_hf_{iv}L\sum_{m=1}^{n}\left[N_mf_m\right] \tag{2-3}$$

式中　Q_{CO}——隧道 CO 排放量（m^3/s）；

q_{CO}——设计目标年份的 CO 基准排放量 [$m^3/$（veh · km）]：正常交通时，2000 年的 CO 基准排放量应取 0.007 $m^3/$（辆 ·km），交通阻滞时取 0.015 $m^3/$（辆 ·km）；

f_d——考虑烟雾的车况系数，对高速、一级公路取 1.0，对二、三、四级公路取 1.1~1.2；

f_a —车密度系数，按表 2-4 取值；

f_h——考虑烟雾的海拔高度系数，按图 2-2 取值；

f_{iv}——考虑烟雾的纵坡-车速系数按表 2-7 取值；

n_D——柴油车车辆类别数；

N_m——相应车型的交通量（veh/h）；

f_m——考虑烟雾的柴油车车型系数，按表 2-8 取值。

表 2-7 考虑 CO 的纵坡-车速系数 f_{iv}

工况车速/（km/h）	隧道行车纵坡方向 i/%								
	0.4	0.3	0.2	0.1	0	1	2	3	4
100	1.2	1.2	1.2	1.2	1.2	1.4	1.4	1.4	1.4
80	1.0	1.0	1.0	1.0	1.0	1.0	1.0	1.2	1.2
70	1.0	1.0	1.0	1.0	1.00	1.0	1.0	1.0	1.2
50	1.0	1.0	1.0	1.0	1.0	1.0	1.0	1.0	1.0
40	1.0	1.0	1.0	1.0	1.0	1.0	1.0	1.0	1.0
30	0.8	0.8	0.8	0.8	0.8	1.0	1.0	1.0	1.0
20	0.8	0.8	0.8	0.8	0.8	1.0	1.0	1.0	1.0
10	0.8	0.8	0.8	0.8	0.8	0.8	0.8	0.8	0.8

表 2-8 考虑 CO 的车型系数 f_m

车型	各种柴油车	汽油车			
		小客车	旅行车、轻型货车	中型货车	大型货车、托挂车
f_m	1.0	1.0	2.5	3.2	7.0

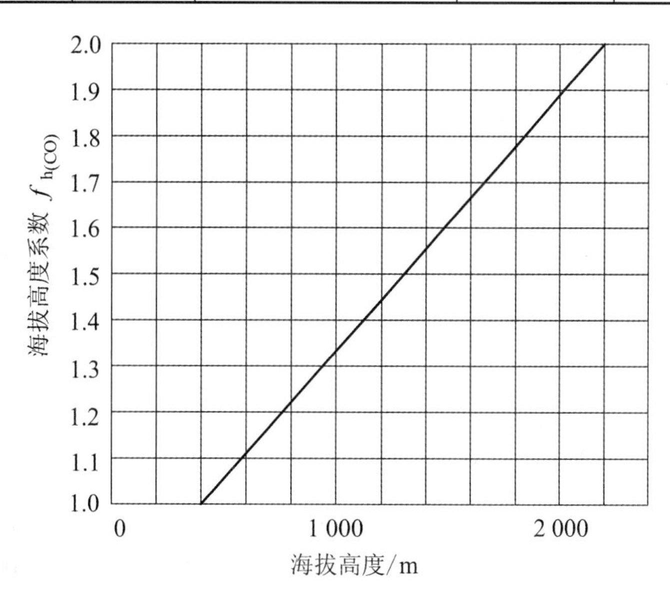

图 2-2 考虑烟雾的海拔高度系数 f_h

稀释 CO 的需风量可按式（2-4）计算：

$$Q_{req(CO)}=\frac{Q_{CO}}{\delta}\frac{p_0}{p}\frac{T}{T_0}\times 10^6 \qquad (2-4)$$

式中 $Q_{req(CO)}$——隧道稀释 CO 的需风量（m^3/s）；

δ——CO 浓度；

p_0——标准大气压（kN/m^2），取 101.325 kN/m^2；

p——隧址大气压 kN/m^2；

T_0——标准气温（K），取 237 K；

T——隧址夏季气温（K）。

2.2.3 隧道换气需风量

隧道换气需风量可按式（2-5）计算：

$$Q_{req(异)}=\frac{A_r L n_s}{3\,600} \tag{2-5}$$

式中 $Q_{req(异)}$——隧道换气需风量（m^3/s）；

A_r——隧道净空断面积（m^2）；

L——隧道长度（m）；

n_s——隧道每小时换气次数。

采用纵向式通风的隧道，换气需风量需按式（2-5）和式（2-6）计算，取其中的较大者作为隧道空间不间断换气的需风量，即：

$$Q_{req(ac)}=v_{ac}A_r \tag{2-6}$$

式中 v_{ac}——隧道换气风速，不应低于 1.5 m/s；

A_r——隧道净空断面积（m^2）。

2.3 通风方式及选择

公路隧道的通风方式按照送风形态、空气流动状态、送风原理等可分为自然通风和机械通风两种方式，机械通风又可以分为纵向式通风、横向式通风、半横向式通风以及混合式通风。

2.3.1 自然通风

自然通风方式不设置通风设备，是利用洞口间的自然风压或汽车行驶的活塞作用产生的交通通风力来实现隧道的通风换气。一般较短的隧道有可能采用自然通风方式。对于公路隧道，用下列经验公式作为区分自然通风与机械通风的界限：

$$LN \geqslant 6\times 10^5\text{（双向通车）} \tag{2-7}$$

或

$$LN \geqslant 6\times 10^5\text{（单向通车）} \tag{2-8}$$

式中 L——隧道长度（m）；

N——车流量（辆/日）。

2.3.2 纵向式通风

1. 全射流纵向式通风

全射流纵向式通风是利用射流风机产生高速气流，推动前方空气在隧道内形成纵向流动，使新鲜空气从一侧洞口流入，污染空气从另一侧洞口流出的一种通风方式。

1）隧道内的压力平衡

全射流纵向式通风模式图如图 2-3 所示。

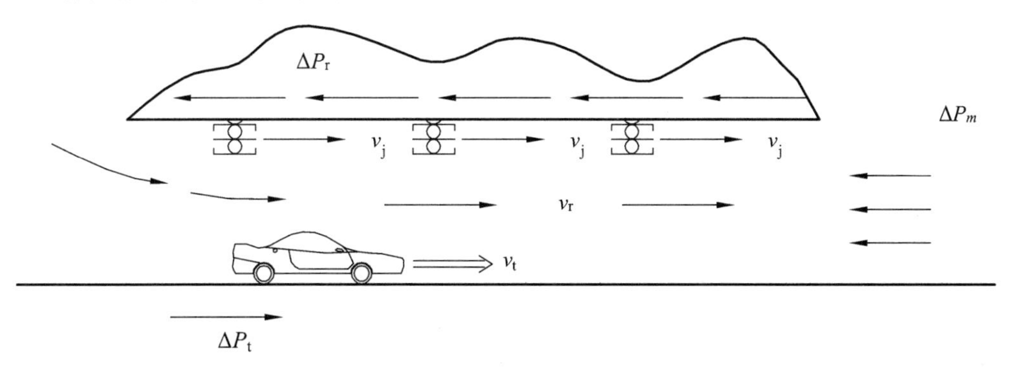

图 2-3　全射流纵向式通风模式图

当隧道内风流稳定后，根据伯努利方程可得：

$$\Delta P=\Delta P_{\mathrm{r}}+\Delta P_{\mathrm{m}}-\Delta P_{\mathrm{t}} \tag{2-9}$$

式中　ΔP——射流风机提供的通风压力（$\mathrm{N/m^2}$）；

ΔP_{r}——隧道摩阻力和出入口局部阻力损失（$\mathrm{N/m^2}$）；

ΔP_{m}——自然风产生的风压（$\mathrm{N/m^2}$）；

ΔP_{t}——交通风产生的风压（$\mathrm{N/m^2}$）。

ΔP_{r} 是气流出入隧道洞口产生的局部阻力损失与气流在隧道内流动产生的沿程阻力损失之和，其值可按式（2-10）计算：

$$\Delta P_{\mathrm{r}}=\left(\zeta_{\mathrm{e}}+\zeta_{0}+\lambda\frac{L}{D_{\mathrm{r}}}\right)\frac{\rho}{2}v_{\mathrm{r}}^{2} \tag{2-10}$$

式中　ζ_{e}——隧道入口局部阻力系数，一般取 0.6；

ζ_0——隧道出口局部阻力系数，一般取 1；

λ——与隧道衬砌表面相对糙度有关的摩擦阻力系数；

L——隧道长度（m）；

D_{r}——隧道净空断面当量直径（m），$D_{\mathrm{r}}=\dfrac{4A_{\mathrm{r}}}{C_{\mathrm{r}}}$；

A_{r}——隧道净空断面面积（$\mathrm{m^2}$）；

C_{r}——隧道断面周长（m）；

v_{r}——隧道内设计风速（m/s），$v_{\mathrm{r}}=Q_{\mathrm{req}}/A_{\mathrm{r}}$。

ΔP_{m} 是自然风产生的风压，其与交通风方向一致时产生推力，相反时产生阻力，其值可按式（2-11）计算：

$$\Delta P_{\mathrm{m}}=\left(\zeta_{\mathrm{e}}+\zeta_{0}+\lambda\frac{L}{D_{\mathrm{r}}}\right)\frac{\rho}{2}v_{\mathrm{n}}^{2} \tag{2-11}$$

式中　v_{n}——自然风作用引起的洞内风速（m/s）。

单洞双向交通隧道交通风产生的风压 ΔP_{t} 可按式（2-12）计算：

$$\Delta P_{\mathrm{t}}=\frac{A_{\mathrm{m}}}{A_{\mathrm{r}}}\frac{\rho}{2}n_{+}(v_{\mathrm{t}(+)}-v_{\mathrm{r}})^{2}-\frac{A_{\mathrm{m}}}{A_{\mathrm{r}}}\frac{\rho}{2}n_{-}(v_{\mathrm{t}(-)}-v_{\mathrm{r}})^{2} \tag{2-12}$$

式中　A_{m}——汽车等效阻抗面积（m^2）；

n_{+}——隧道内与 v_{r} 同向的车辆数（辆），$n_{+}=\dfrac{N_{+}L}{3\,600v_{\mathrm{t}(+)}}$；

n_{-}——隧道内与 v_{r} 反向的车辆数（辆），$n_{-}=\dfrac{N_{-}L}{3\,600v_{\mathrm{t}(-)}}$；

N_{+}——隧道内与 v_{r} 同向的设计高峰小时交通量（veh/h）；

N_{-}——隧道内与 v_{r} 反向的设计高峰小时交通量（veh/h）；

v_{r}——隧道设计风速（m/s），$v_{\mathrm{r}}=\dfrac{Q_{\mathrm{r}}}{A}$；

Q_{r}——隧道设计风量（m^3/s）；

$v_{t(+)}$——与 v_{r} 同向的各工况车速（m/s）；

$v_{t(-)}$——与 v_{r} 反向的各工况车速（m/s）。

单向交通隧道交通风产生的风压 ΔP_{t} 可按式（2-13）计算：

$$\Delta P_{\mathrm{t}}=\frac{A_{\mathrm{m}}}{A_{\mathrm{r}}}\frac{\rho}{2}n_{\mathrm{C}}(v_{\mathrm{t}}-v_{\mathrm{r}})^{2} \tag{2-13}$$

式中　n_{C}——隧道内车辆数（量），$n_{\mathrm{C}}=\dfrac{NL}{3\,600v_{\mathrm{t}}}$；

v_{t}——各工况车速（m/s）。

2）射流风机升压力与所需台数计算

每台射流风机升压力按式（2-14）计算：

$$\Delta P_{\mathrm{j}}=\rho v_{\mathrm{j}}^{2}\frac{A_{\mathrm{j}}}{A_{\mathrm{r}}}(1-\frac{v_{\mathrm{r}}}{v_{\mathrm{j}}})\,\eta \tag{2-14}$$

式中　ΔP_{j}——单台射流风机的升压力（$\mathrm{N/m^2}$）；

v_{j}——射流风机吹出风的风速（m/s）；

v_{r}——隧道内设计风速（m/s）；

A_{j}——射流风机风口面积（m^2）；

A_{r}——隧道净空断面面积（m^2）；

η——射流风机位置摩阻损失折减系数，当隧道同一断面布置 1 台射流风机时，可按表 2-9 取值；当隧道同一断面布置 2 台或 2 台以上射流风机时，取 0.7。

表 2-9　单台射流风机位置摩阻损失折减系数

$\frac{Z}{D_j}$	1.5	1.0	0.7	图示
η	0.91	0.87	0.85	

射流风机台数按式（2-15）计算：

$$i=\frac{\Delta P_{\tau}+\Delta P_{m}-\Delta P_{t}}{\Delta P_{j}} \tag{2-15}$$

式中　i——射流风机台数；

ΔP_j——单台射流风机的升压力（N/m^2）；

ΔP——射流风机提供的通风压力（N/m^2）；

ΔP_{τ}——隧道摩阻力和出入口局部阻力损失（N/m^2）；

ΔP_m——自然风产生的风压（N/m^2）；

ΔP_t——交通风产生的风压（N/m^2）。

2. 通风井排出式纵向通风

通风井排出式纵向通风的通风设施由竖井、风道和风机组成。当隧道为单向交通隧道时，竖井宜设置在隧道出口侧位置。当隧道为双向交通隧道时，竖井宜设置在隧道纵向长度中部位置。风机的工作方式为排风式，新鲜空气经由两侧洞口进入隧道，污染空气经由竖井排出隧道。采用通风井排出的纵向式通风，隧道有害气体浓度最大的地方是竖井。在这里应该加强对有害气体的检测。通风井排出式可以变为通风井送入式，只要将风机的工作方式由排风式改变为送风式即可。

1）双向交通隧道通风井排出式纵向通风设计

双向交通隧道通风井排出式纵向通风方式的压力模式可见图 2-4。

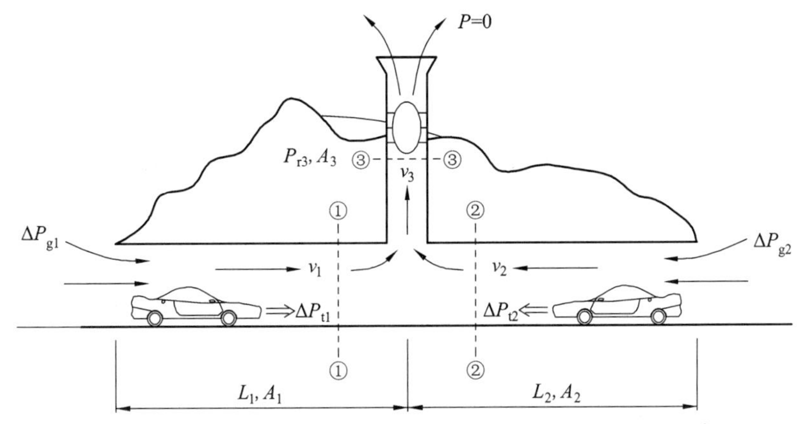

图 2-4　双向交通隧道通风井排出式纵向通风方式的压力模式图

双向交通隧道集中排风的纵向式通风所需风压为：

$$\Delta P=\Delta P_0+\Delta P_s \tag{2-16}$$

式中　ΔP_0——隧道洞口的空气与通风井底部隧道内空气的压力差（N/m^2）；

ΔP_s——竖井的摩擦阻力及出入口损失（N/m^2）。

ΔP_0的值按式（2-1）计算：

$$\Delta P_0 = \Delta P_\tau \pm \Delta P_t \pm \Delta P_m \tag{2-17}$$

式中　ΔP_τ——隧道摩阻力及入口局部损失之和（N/m^2），$\Delta P_\tau=\left(\zeta_e+\lambda\dfrac{L}{D_r}\right)\dfrac{\rho}{2}v_r^2$；

ΔP_t——交通风产生的风压（N/m^2），具体计算见式（2-12）、（2-13）；

ΔP_m——隧道洞口与压力基准点的等效压差，一般可取一端洞口为基准点，在无实测资料时可取 10 Pa。

以上三部分根据其对通风是否有利从而取正值或者负值。

竖井左右两侧的隧道段分别计算 ΔP_0，取二者的较大值作为设计值。

ΔP_s 的值按式（2-18）计算：

$$\Delta P_s=\left(\zeta_s+\zeta_0+\lambda_s\frac{L_s}{D_s}\right)\frac{\rho}{2}v_s^2 \tag{2-18}$$

式中　ζ_s——汇流及弯曲损失系数；

ζ_0——竖井出口局部阻力系数；

λ_s——与竖井表面相对糙度有关的摩擦阻力系数；

L_s——竖井高度（m）；

D_s——竖井净空断面当量直径（m），$D_s=\dfrac{4A_s}{C_s}$；

A_s——竖井净空断面面积（m^2）；

C_s——竖井断面周长（m）；

V_s——竖井内设计风速（m/s）。

2）单向交通隧道分流型通风井排出式纵向通风设计

当单向交通、在出口附近有较严格的环境要求即不允许洞内污染风吹出（出口）洞外的情况时，宜采用通风井排出式纵向通风方式。

单向交通隧道分流型通风井排出式纵向通风方式的压力模式可见图 2-5。

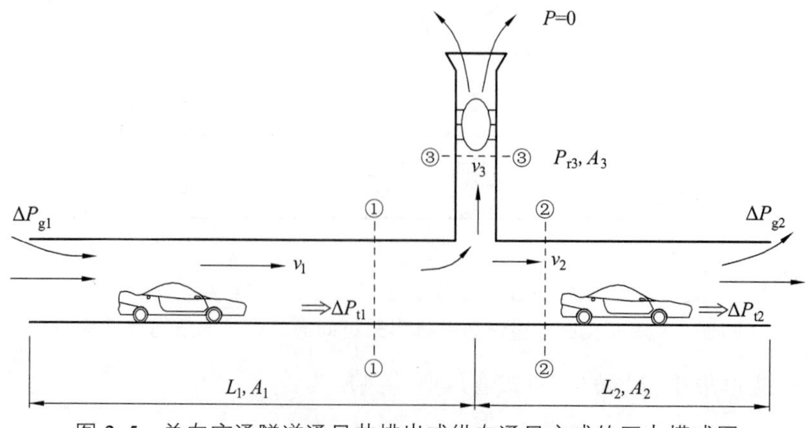

图 2-5　单向交通隧道通风井排出式纵向通风方式的压力模式图

单向交通隧道集中排风的纵向式通风所需风压计算原理与双向交通隧道一致，在此不再赘述。

3. 通风井送排式纵向通风

通风井送排式纵向通风方式设置有送风井和排风井，隧道内的污染空气从排风井排出，新鲜空气从送风井进入隧道。此通风方式能有效利用交通通风压力，适用于单向交通的长大公路隧道。对于近期为双向交通、远期为单向交通的隧道，也可采用此通风方式。此通风方式的通风模式可见图 2-6。

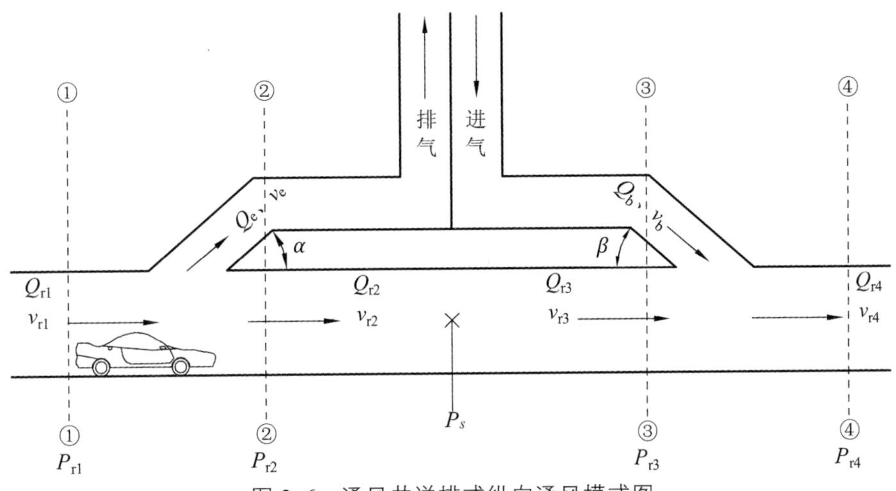

图 2-6　通风井送排式纵向通风模式图

1）送排风口升压力计算

沿隧道纵轴线建立动量方程，则有：

$$A(P_{r1}-P_{r2})=\rho Q_s v_{r2}+\rho Q_e v_{e2}\cos\alpha-\rho Q_{r1}v_{r2} \tag{2-19}$$

$$A(P_{r3}-P_{r4})=\rho Q_{r4} v_{r4}+\rho Q_b v_b\cos\beta-\rho Q_s v_{r3} \tag{2-20}$$

式中　A——隧道断面面积（m^2）。

P_{r1}，P_{r2}，P_{r3}，P_{r4}——断面 1、2、3、4 的静压（N/m^2）；

v_{r1}，v_{r2}，v_{r3}，v_{r4}——断面 1、2、3、4 的风速（m/s）；

Q_{r1}，Q_{r4}，Q_s——断面 1、4 及短道内的风量（m^3/s）；

v_e，Q_e——排风口的风速（m/s）与风量（m^3/s）；

v_b，Q_b——送风口的风速（m/s）与风量（m^3/s）；

α，β——排风道、送风道外段与隧道夹角（°）。

根据连续性方程得到 $Q_s=Q_{r1}-Q_e$，因此 $v_{r2}=Q_s/A=v_{r1}(1-Q_e/Q_{r1})$，代入式（2-19）可得：

$$P_{r1}-P_{r2}=2\frac{Q_e}{Q_{r1}}\left(\frac{Q_e}{Q_{r1}}-2+\frac{v_e}{v_{r1}}\cos\alpha\right)\frac{\rho v_{r1}^2}{2} \tag{2-21}$$

同理可得：

$$P_{r3}-P_{r4}=2\frac{Q_b}{Q_{r4}}\left(2-\frac{Q_b}{Q_{r4}}-\frac{v_b}{v_{r4}}\cos\beta\right)\frac{\rho v_{r4}^2}{2} \tag{2-22}$$

令 $P_{r2}-P_{r2}=\Delta P_e, P_{r4}-P_{r3}=\Delta P_b$，分别称为排风口和送风口的升压力，分别代入式（2-21）、式（2-22）得：

$$\Delta P_e = 2\frac{Q_e}{Q_{r1}}\left(2-\frac{v_e}{v_{r1}}\cos\alpha-\frac{Q_e}{Q_{r1}}\right)\frac{\rho v_{r1}^2}{2} \tag{2-23}$$

$$\Delta P_b = 2\frac{Q_b}{Q_{r4}}\left(\frac{Q_b}{Q_{r4}}+\frac{v_b}{v_{r4}}\cos\beta-2\right)\frac{\rho v_{r4}^2}{2} \tag{2-24}$$

2）送、排风机设计风压

送风机、排风机的设计风压可按式（2-25）、式（2-26）计算：

$$\Delta P_{totb} = 1.1\left(\frac{\rho}{2}v_b^2+\Delta P_{sb}+\Delta P_b\right) \tag{2-25}$$

$$\Delta P_{tote} = 1.1\left(\frac{\rho}{2}v_e^2+\Delta P_{se}+\Delta P_e\right) \tag{2-26}$$

式中 ΔP_{totb}——送风机的设计风压（N/m^2）；

ΔP_{tote}——排风机的设计风压（N/m^2）；

ΔP_{sb}——由通风井送风口到隧道内送风口的沿程阻力和局部阻力总和；

ΔP_{se}——由隧道内排风口到通风井排风口的沿程阻力和局部阻力总和。

2.3.3 横向式通风

横向式通风方式是在隧道内设置送入新鲜空气的送风道和排出污染空气的排风道，隧道内只有横方向的风流动，基本不产生纵向流动的风，如图 2-7 所示。在双向交通时，车道的纵向风速大致为零，污染物浓度的分布沿隧道全长大体上均匀。然而在单向交通时，因为车辆行驶产生交通风的影响，在纵向能产生一定风速，污染物浓度由入口至出口有逐渐增加的趋势，但大部分的污染空气仍是由排风道排出。横向式通风方式的气流是在隧道横断面上产生循环，进行换风，其车道内风速较低，排烟效果良好，特别适用于双向交通特长隧道。

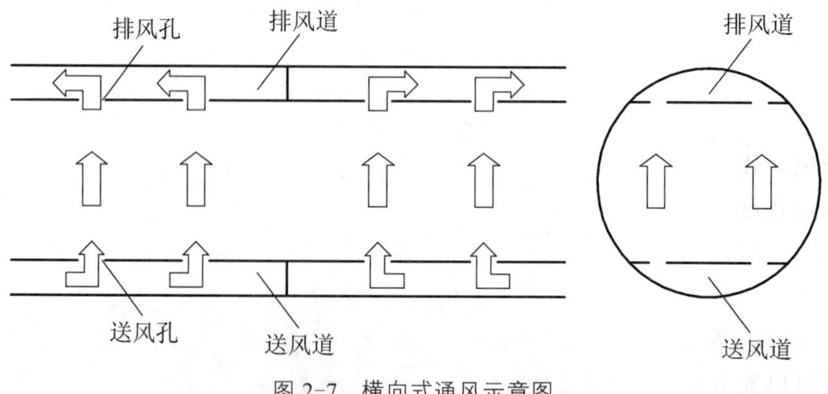

图 2-7　横向式通风示意图

全横向式通风和送风式半横向通风的送风系统一般由送风塔吸入新鲜空气，经过压入式通风机升压，然后通过连接风道将空气送入隧道的送风道，再经过送风口将空气送入车道空间。送风机的设计全压 ΔP_{totb} 可按式（2-27）计算：

$$\Delta P_{totb}=1.1\times（隧道风压+送风道所需末端压力+送风道静压差+送风道始端动压+连接风道压力损失）\quad（2-27）$$

全横向式通风和排风式半横向通风的排风系统是把车道空间的污染空气，经过排风口、排风道、连接风道，由抽出式通风机加负压经排风塔排出隧道。排风机的设计全压 ΔP_{tote} 可按式（2-28）计算：

$$\Delta P_{totb}=1.1\times（排风道所需始端压力+排风道静压差排风道末端动压+连接风道压力损失）\quad（2-28）$$

2.3.4　半横向式通风

半横向式通风方式是在隧道内设置送入新鲜空气的送风道，在行车道内与污染空气混合后沿隧道纵向流动至隧道两端洞口排出，如图 2-8 所示。此通风方式由横向均匀直接进风，对汽车排气直接稀释，对后续车有利；如果有行人，行人可直接吸到新鲜空气。半横向式通风是介于纵向和横向式通风之间的一种通风方式，其综合了纵向和横向式通风的优点和缺点。在一些长大隧道中，因采用横向式通风费用高，可考虑采用半横向式通风方式。

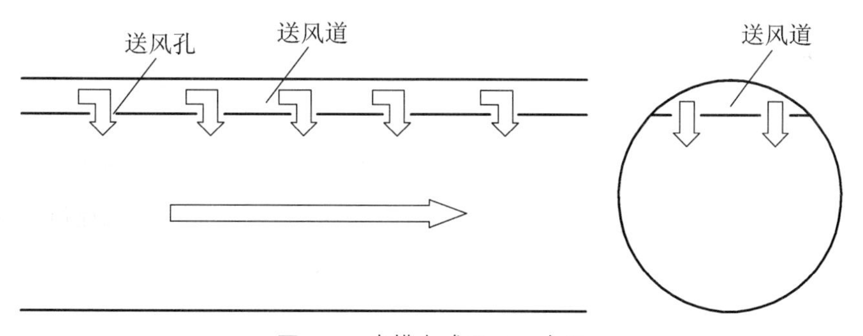

图 2-8　半横向式通风示意图

2.3.5　通风方式的选择

影响通风方式选择的主要因素有：

（1）隧道长度。在交通量一定时，隧道越长，隧道内的废气积累越多，设计需风量也越大。同时，隧道越长，隧道发生事故及灾害造成的损失越大，对通风安全性和可靠性要求也越高。

（2）隧道交通条件。隧道交通条件指隧道为单向行车或双向行车及隧道交通量。单向行车隧道可以充分利用自然风及活塞风，适合采用纵向式或半横向式通风。交通量大的隧道有害气体浓度较大，适合采用横向通风或半横向通风。

（3）地质条件。若隧道所处位置地质条件较好，施工造价就较低，那么就可以选择造价较高的横向或半横向通风方式。反之，若隧道所处位置地质条件较差，施工造价就较高，那么横向或半横向通风方式的选择就会受影响。

（4）地形和气象条件。隧道所处位置的地形和气象条件影响着隧道自然风的流向和流量。当自然风流比较大，流向相对稳定时，对于较短隧道，可直接利用其通风。若自然风流变化较大，对纵向通风效果影响较大，则可选择横向或者半横向通风方式。

表 2-10 和表 2-11 列出了各类通风方式的优缺点，可在通风方式选择中作为参考。

表 2-10　各类通风方式的特点（双向交通隧道）

<table>
<tr><td colspan="2">通风方式</td><td colspan="3">纵向式</td><td colspan="2">半横向式</td><td>横向式</td></tr>
<tr><td colspan="2">基本特征</td><td colspan="3">通风风流沿隧道纵向流动</td><td colspan="2">由隧道风道送风或排风，由洞口沿隧道纵向排风或抽风</td><td rowspan="3">分别设有送排风道，通风风流在隧道内做纵向流动</td></tr>
<tr><td colspan="2">代表形式</td><td>全射流式</td><td>洞口集中送入式</td><td>通风井排出式</td><td>送风半横向式</td><td>排风半横向式</td></tr>
<tr><td colspan="2">形式特征</td><td>由射流风机群升压</td><td>由喷流送风升压</td><td>两端进风、中部排风</td><td>由送风道送风</td><td>由排风道排风</td></tr>
<tr><td rowspan="10">一般特征</td><td>非火灾工况的适用长度</td><td>1 500~3 000 m</td><td>1 500 m 左右</td><td>4 000 m 左右</td><td>3 000 m 左右</td><td>3 000 m 左右</td><td>不受限制</td></tr>
<tr><td>交通风利用</td><td>不好</td><td>不好</td><td>很好</td><td>较好</td><td>不好</td><td>不好</td></tr>
<tr><td>噪声</td><td>较大</td><td>洞口噪声较大</td><td>噪声较小</td><td>噪声小</td><td>噪声小</td><td>噪声小</td></tr>
<tr><td>火灾排烟</td><td>不便</td><td>较方便</td><td>较方便</td><td>方便</td><td>方便</td><td>效果好</td></tr>
<tr><td>工程造价</td><td>低</td><td>一般</td><td>一般</td><td>较高</td><td>较高</td><td>高</td></tr>
<tr><td>管理与维护</td><td>不便</td><td>方便</td><td>方便</td><td>一般</td><td>一般</td><td>一般</td></tr>
<tr><td>分期实施</td><td>易</td><td>不易</td><td>不易</td><td>难</td><td>难</td><td>难</td></tr>
<tr><td>技术难度</td><td>不难</td><td>一般</td><td>一般</td><td>稍难</td><td>稍难</td><td>难</td></tr>
<tr><td>运营费</td><td>低</td><td>一般</td><td>一般</td><td>较高</td><td>较高</td><td>高</td></tr>
<tr><td>洞口环保</td><td>不利</td><td>不利</td><td>有利</td><td>一般</td><td>有利</td><td>有利</td></tr>
</table>

在选择通风方式时，应该综合考虑隧道长度、平曲线半径、纵坡、海拔工程、交通条件、地质地形条件和气象条件等多种因素。合理的通风方式是安全可靠性高、建设安装方便、投资少、隧道内部环境良好、对灾害的适应能力强、营运维护方便的通风方式。但各通风方式都有优缺点，因此实际上的合理就是在保证安全可靠的前提下尽可能实现经济方便。

表 2-11 各类通风方式的特点（单向交通隧道）

<table>
<tr><td colspan="2">通风方式</td><td colspan="4">纵向式</td><td colspan="2">半横向式</td><td>横向式</td></tr>
<tr><td colspan="2">基本特征</td><td colspan="4">通风风流沿隧道纵向流动</td><td colspan="2">由隧道风道送、排风，由洞口沿隧道纵向排、抽风</td><td rowspan="3">分别设送排风道，通风风流在隧道内做纵向流动</td></tr>
<tr><td colspan="2">代表形式</td><td>全射流式</td><td>洞口集中送入式</td><td>通风井排出式</td><td>通风井送排式</td><td>送风半横向式</td><td>排风半横向式</td></tr>
<tr><td colspan="2">形式特征</td><td>由射流风机群升压</td><td>由喷流送风升压</td><td>两端进风、中部排风</td><td>由喷流送风升压</td><td>由送风道送风</td><td>由排风道排风</td></tr>
<tr><td rowspan="10">一般特征</td><td>非火灾工况的适用长度</td><td>5 000 m 以内</td><td>3 000 m 左右</td><td>5 000 m 左右</td><td>不受限制</td><td>3 000~5 000 m</td><td>3 000 m 左右</td><td>不受限制</td></tr>
<tr><td>交通风利用</td><td>很好</td><td>很好</td><td>部分好</td><td>很好</td><td>较好</td><td>不好</td><td>不好</td></tr>
<tr><td>噪声</td><td>较大</td><td>洞口噪声较大</td><td>噪声较小</td><td>噪声较小</td><td>噪声小</td><td>噪声小</td><td>噪声小</td></tr>
<tr><td>火灾排烟</td><td>不便</td><td>不便</td><td>较方便</td><td>较方便</td><td>方便</td><td>方便</td><td>效果好</td></tr>
<tr><td>工程造价</td><td>低</td><td>一般</td><td>一般</td><td>一般</td><td>较高</td><td>较高</td><td>高</td></tr>
<tr><td>管理与维护</td><td>不便</td><td>方便</td><td>方便</td><td>方便</td><td>一般</td><td>一般</td><td>一般</td></tr>
<tr><td>分期实施</td><td>易</td><td>不宜</td><td>不易</td><td>不易</td><td>难</td><td>难</td><td>难</td></tr>
<tr><td>技术难度</td><td>不难</td><td>一般</td><td>一般</td><td>稍难</td><td>稍难</td><td>稍难</td><td>难</td></tr>
<tr><td>运营费</td><td>低</td><td>一般</td><td>一般</td><td>一般</td><td>较高</td><td>较高</td><td>高</td></tr>
<tr><td>洞口环保</td><td>不利</td><td>不利</td><td>有利</td><td>一般</td><td>一般</td><td>有利</td><td>有利</td></tr>
</table>

习 题

2.1 简述公路隧道内有害气体的成分及其危害。

2.2 对公路隧道空气的质量有哪些具体规定？

2.3 某一级公路的公路隧道。根据已知条件，求隧道的需风量。已知：

（1）设计时速：60 km/h。

（2）车道和行车情况：采用双洞单向行车双车道隧道，日最高通过车辆 60 000 辆，其中柴油车 7 000 辆，小客车 17 000 辆，旅行车、轻型货车 14 000 辆，中型货车 13 000 辆，大型客车 9 000 辆。

（3）隧道长度和纵坡坡度：长度为 1 600 m，纵坡坡度为 2%。

（4）海拔高度和气压：平均海拔高度为 1 200 m，气压为 90 kN/m^2。

（5）隧道净空断面面积：65 m^2。

（6）隧道夏季设计温度：33 °C。

2.4 公路隧道有哪些运营通风方式？各有什么特征？

2.5 纵向式机械通风有哪几种方式？其有何差异？

2.6 某双向行驶隧道，上下行车辆比例为 1∶1。该隧道采用全射流纵向通风。根据已知条件，求解隧道所需风机台数。已知：

（1）隧道长度 L=850 m，坡度为 0.6%。

（2）隧道断面面积 A_r=53 m^2，当量直径 D_r=6 m。

（3）设计高峰小时交通量 N=1 600 辆/h。

（4）汽车等效阻抗面积 A_m=2.5 m^2。

（5）设计时速 v_t=14.0 m/s，自然风风速 v_n=14.0 m/s。

（6）自然风引起的等效压差ΔP_m=10.95 Pa。

（7）隧道设计需风量 Q=75 m^3/s。

（8）隧址空气密度 ρ=1.224 kg/m^3。

（9）隧道入口局部阻力系数 ε_e 取 0.6，出口局部阻力系数 ε_0 取 1，摩擦阻力系数 λ 取 0.025。

（10）选用 900 型射流风机，风机风速 v_j=25m/s，风口面积 A_j=0.636 m^2，射流风机位置摩阻损失折减系数 η 取 0.91。

2.7 进行公路隧道运营通风方式选择时，需考虑哪些因素？

第 3 章　铁路隧道运营通风

【本章重难点内容】

（1）铁路隧道运营的卫生标准。

（2）铁路隧道运营通风的需风量计算。

（3）隧道的各类通风方式及其特点。

（4）纵向通风的压力模式和计算方法。

（5）选择铁路隧道通风方式的原则。

3.1　铁路隧道运营的卫生标准

在铁路隧道中行驶的列车主要是电力机车和内燃机车。电力机车行驶过程中所产生的有害物质主要是臭氧和石英粉尘，因为铁路隧道的货物多种多样，隧道内的有害粉尘除了石英粉车以外还有动、植物粉尘。铁路隧道运营通风的卫生标准严格按照《铁路隧道运营通风设计规范》（TB 10068—2010）中的要求，其中，内燃机车行驶过程中所产生的有害物质主要是一氧化碳和氮氧化物。电力机车牵引的运营隧道空气卫生标准见表 3-1，内燃机车牵引的运营隧道空气卫生标准见表 3-2。

表 3-1　电力机车牵引的运营隧道空气卫生标准

指　　标		最高容许值	备注
臭氧/（mg/m^3）		0.3	H<3 000 m
粉尘/（mg/m^3）	石英粉尘	8	M_{SiO_2}<10%
		2	M_{SiO_2}>10%
	动、植物粉尘	3	—

表 3-2　内燃机车牵引的运营隧道空气卫生标准

指　　标	最高容许值	备注
一氧化碳/（mg/m^3）	30	H<2 000 m
	20	2 000 m≤H≤3 000 m
	15	H>3 000 m
氮氧化物（换算成 NO_2）/（mg/m^3）	5	H<3 000 m

对于电力机车牵引的隧道，除了应该满足空气卫生标准，还必须满足温、湿度环境标准，以满足列车上驾乘人员的舒适性要求。电力机车牵引的运营隧道温、湿度标准见表 3-3。

表 3-3 电力机车牵引的运营隧道温、湿度标准

指　　标	最高容许值	备注
温度/℃	28	—
湿度/%	80	—

3.2 需风量计算

根据《铁路隧道运营通风设计规范》（TB 10068—2010），铁路隧道通风量可按式（3-1）计算：

$$Q = K_{\mathrm{i}}\left(1-\frac{v_{\mathrm{m}}}{v_{\mathrm{T}}}\right)\frac{FL_{\mathrm{T}}}{t_{\mathrm{q}}} \tag{3-1}$$

式中　Q——铁路隧道通风量（m^3/s）；

K_{i}——活塞风修正系数，内燃机车牵引的运营隧道可取 1.1，电力机车牵引的运营隧道可取 1；

v_{m}——活塞风速度（m/s）；

v_{T}——列车速度（m/s）；

F——隧道断面面积（m^2）；

L_{T}——隧道长度（m）；

t_{q}——排烟时间（s）。

根据《铁路隧道运营通风设计规范》（TB 10068—2010）规定，进行列车活塞风计算时，长度小于 15 km 的单线隧道宜采用非恒定流理论计算，长度大于 15 km 的单线隧道宜采用恒定流理论计算，双线隧道可不计活塞风影响。

按恒定流理论计算活塞风速，如式（3-2）：

$$v_{\mathrm{m}}=v_{\mathrm{T}}\frac{-1+\sqrt{1+\left(\frac{\zeta_{\mathrm{m}}}{K_{\mathrm{m}}}-1\right)\left(1\pm\frac{\zeta_{\mathrm{n}}v_{\mathrm{n}}^2}{K_{\mathrm{m}}v_{\mathrm{T}}^2}\right)}}{\frac{\zeta_{\mathrm{m}}}{K_{\mathrm{m}}}-1} \tag{3-2}$$

式中　v_{m}——活塞风速度（m/s）；

v_{T}——列车速度（m/s）；

v_{n}——自然风速度（m/s）；

K_{m}——活塞风作用系数；

ζ_{m}——隧道段除环状空间外的阻力系数，$\zeta_{\mathrm{m}}=1+\lambda\frac{L_{\mathrm{T}}-l_{\mathrm{T}}}{d}+\zeta$；

ζ_{n}——隧道的总阻力系数，$\zeta_{\mathrm{n}}=1+\lambda\frac{L_{\mathrm{T}}}{d}+\zeta$；

ζ——隧道入口阻力系数；

l_{T}——列车长度（m）；

d——隧道断面当量直径（m）。

活塞风作用系数 K_{m} 按式（3-3）计算：

$$K_m = \frac{N l_T}{(1-\alpha)^2} \tag{3-3}$$

$$N = \frac{1}{l_T}\left(0.807\alpha^2 - 1.322\alpha + 1.008 + \lambda_h \frac{l_t}{d_h}\right) \tag{3-4}$$

$$d_h = 4\frac{F - f_T}{S + S_T} \tag{3-5}$$

式中　l_T——列车长度（m）；

α——阻塞比，列车断面积 f_T 与隧道断面积 F 之比；

N——列车阻力系数；

λ_h——环状空间气流的沿程阻力系数；

d_h——环状空间当量直径（m）；

S——隧道断面湿周（m）；

S_T——列车断面周长（m）。

按非恒定流理论计算活塞风速，如式（3-6）、式（3-7）：

当 $K_m > \zeta_m$ 时

$$v_m = \frac{-2AC + ACe^{t\sqrt{B^2-4AC}}}{C\left(B+\sqrt{B^2-4AC}\right) - C\left(B-\sqrt{B^2-4AC}\right)e^{t\sqrt{B^2-4AC}}} \tag{3-6}$$

式中：

$$A = \frac{K_m v_T^2 \pm \zeta_n v_n^2}{2\left(L_T + \frac{\alpha L_T}{1-\alpha}\right)};\ B = \frac{-K_m v_t}{\left(L_T + \frac{\alpha L_T}{1-\alpha}\right)};\ C = \frac{K_m - \zeta_m}{2\left(L_T + \frac{\alpha L_T}{1-\alpha}\right)}$$

$$t = \frac{1}{\sqrt{B^2-4AC}} \ln\left[\frac{2Cv_m\left(B+\sqrt{B^2-4AC}\right)+4AC}{2Cv_m\left(B-\sqrt{B^2-4AC}\right)+4AC}\right]$$

当 $K_m < \zeta_m$ 时

$$v_m = \frac{-2AC + ACe^{t\sqrt{B^2+4AC}}}{C\left(B+\sqrt{B^2+4AC}\right) - C\left(B-\sqrt{B^2+4AC}\right)e^{t\sqrt{B^2+4AC}}} \tag{3-7}$$

式中：

$$A = \frac{K_m v_T^2 \pm \zeta_n v_n^2}{2\left(L_T + \frac{\alpha L_T}{1-\alpha}\right)};\ B = \frac{-K_m v_t}{\left(L_T + \frac{\alpha L_T}{1-\alpha}\right)};\ C = \frac{\zeta_m - K_m}{2\left(L_T + \frac{\alpha L_T}{1-\alpha}\right)}$$

$$t = \frac{1}{\sqrt{B^2+4AC}} \ln\left[\frac{2Cv_m\left(B+\sqrt{B^2+4AC}\right)+4AC}{2Cv_m\left(B-\sqrt{B^2+4AC}\right)+4AC}\right]$$

当隧道内自然风与列车运行方向相同时，式子 A 取正号，反之取负号。

3.3　运营通风方式及选择

铁路隧道的运营通风方式按照送风形态、空气流动状态、送风原理等可分为自然通风和机械通风两种方式，机械通风又可以分为纵向式通风、横向式通风及半横向式通风。

3.3.1　自然通风

自然通风方式不设置通风设备，是利用洞口间的自然风压或汽车行驶的活塞作用产生的交通通风力来实现隧道的通风换气。一般较短的隧道有可能采用自然通风方式。对于铁路隧道，用下列经验公式作为区分自然通风与机械通风的界限：

$$LN \geqslant 100 \tag{3-8}$$

式中　L——隧道长度（km）；

N——列车密度（队/日）。

3.3.2　纵向式通风

1. 全射流纵向式通风

全射流纵向式通风是利用射流风机产生高速气流，推动前方空气在隧道内形成纵向流动，使新鲜空气从一侧洞口流入，污染空气从另一侧洞口流出的一种通风方式。

在正常运营情况下，隧道内压力平衡满足下式：

$$P_{\mathrm{j}} + P_{\mathrm{m}} = P_{\mathrm{n}} + P_{\zeta} + P_{\lambda} \tag{3-9}$$

式中　P_{j}——射流风机推力（$\mathrm{N/m^2}$）；

P_{m}——列车活塞风压力（$\mathrm{N/m^2}$）；

P_{n}——隧道两洞口间自然风压（$\mathrm{N/m^2}$）；

P_{ζ}——局部阻力（$\mathrm{N/m^2}$）；

P_{λ}——沿程阻力（$\mathrm{N/m^2}$）。

单台射流风机的压力可按式（3-7）计算：

$$P_{\mathrm{j}} = \rho v_{\mathrm{j}}^2 \frac{f}{F}\left(1 - \frac{v_{\mathrm{e}}}{v_{\mathrm{j}}}\right)\frac{1}{K_{\mathrm{j}}} \tag{3-10}$$

式中　P_{j}——射流风机推力（$\mathrm{N/m^2}$）；

v_{e}——隧道内断面平均风速（m/s）；

v_{j}——射流风机出口风速（m/s）；

f——单台射流风机出口面积（$\mathrm{m^2}$）；

K_{j}——考虑隧道壁摩擦影响的射流损失系数，与风机距壁面的距离有关，可按图 3-1 取值。

图 3-1 中：Z——风机中心距离隧道壁面距离（mm）；

D_{j}——风机出口直径（mm）。

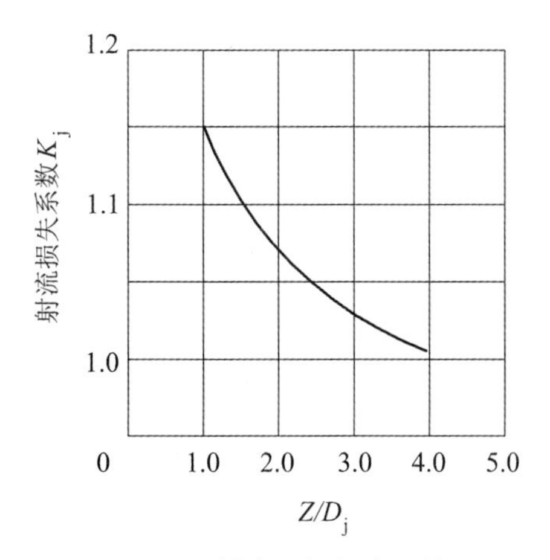

图 3-1　射流风机损失系数

则风机台数 $i=\dfrac{P_j}{p_j}$。

列车活塞风压力可按式（3-11）计算：

$$P_m = K_m \frac{\rho}{2}(v_T - v_m)^2 \tag{3-11}$$

列车自然风压力可按式（3-12）计算：

$$P_n = \left(\sum\zeta + \lambda\frac{L_T}{d}\right)\frac{\rho}{2}v_n^2 \tag{3-12}$$

式中　$\sum\zeta$——隧道进出口局部阻力系数；

λ——隧道内沿程阻力系数；

v_n——自然风速度（m/s），自然风压与自然风作用方向相同，作阻力考虑。

局部阻力可按式（3-13）计算：

$$P_\zeta = \zeta\frac{\rho}{2}v_e^2 \tag{3-13}$$

沿程阻力可按式（3-14）计算：

$$P_\lambda = \lambda\frac{L_T}{d}\frac{\rho}{2}v_e^2 \tag{3-14}$$

2. 分段纵向式通风

1）合流型斜（竖）井排出式

合流型斜（竖）井排出式纵向通风的通风设施由斜（竖）井、风道和风机组成。风机的工作方式为排风式，新鲜空气经由两侧洞口进入隧道，污染空气经由斜（竖）井排出隧道。合流型斜（竖）井排出式纵向通风的压力模式可见图 3-2。

斜（竖）井底部隧道内断面①、断面②的风压应满足式（3-15）：

$$P_1 + \frac{1}{4}\rho v_1^2 = P_2 + \frac{1}{4}\rho v_2^2 \tag{3-15}$$

式中　$P_1 = P_{n1} - \left(0.5 + \lambda \frac{L_1}{d}\right)\frac{\rho}{2}v_1^2$；$P_2 = P_{n2} - \left(0.5 + \lambda \frac{L_2}{d}\right)\frac{\rho}{2}v_2^2$。

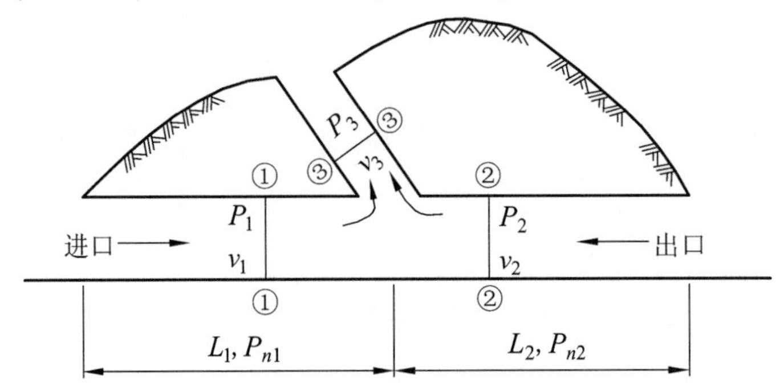

图 3-2　合流型斜（竖）井排出式纵向通风的压力模式图

斜（竖）井合流后的压力可按式（3-16）、式（3-17）计算：

$$P_3 = P_{n1} - \left(0.5 + \lambda \frac{L_1}{d}\right)\frac{\rho}{2}v_1^2 - \zeta_{1-3}\frac{\rho}{2}v_3^2 \tag{3-16}$$

$$P_3 = P_{n2} - \left(0.5 + \lambda \frac{L_2}{d}\right)\frac{\rho}{2}v_2^2 - \zeta_{2-3}\frac{\rho}{2}v_3^2 \tag{3-17}$$

式中　P_3——斜（竖）井底部合流压力（N/m^2）；

P_{n1}——隧道进口与斜（竖）井底部之间的自然风压差（N/m^2）；

P_{n2}——隧道出口与斜（竖）井底部之间的自然风压差（N/m^2）；

ζ_{1-3}——断面①到断面③之间的局部阻力系数；

ζ_{2-3}——断面②到断面③之间的局部阻力系数；

v_1——断面①风速（m/s）；

v_2——断面②风速（m/s）；

v_3——断面③风速（m/s）。

排风机的风压可按式（3-18）计算：

$$H_g = 1.1\left(P_3 + \frac{\rho}{2}\Sigma\left(\zeta_i + \frac{\lambda_j L_j}{d_j} + 1\right)v_3^2\right) \tag{3-18}$$

式中　H_g——排风机风压（N/m^2）；

ζ_i——汇流及弯曲损失系数；

λ_j——斜（竖）井的摩擦损失系数；

L_j——斜（竖）井长度（m）；

d_j——斜（竖）井当量直径（m）。

2）合斜（竖）井送排式

合斜（竖）井送排式纵向通风方式设置有送风井和排风井，将隧道内的污染空气从排风井排出，将新鲜空气从送风井送入隧道内。斜（竖）井送排式纵向通风的压力模式见图 3-3。

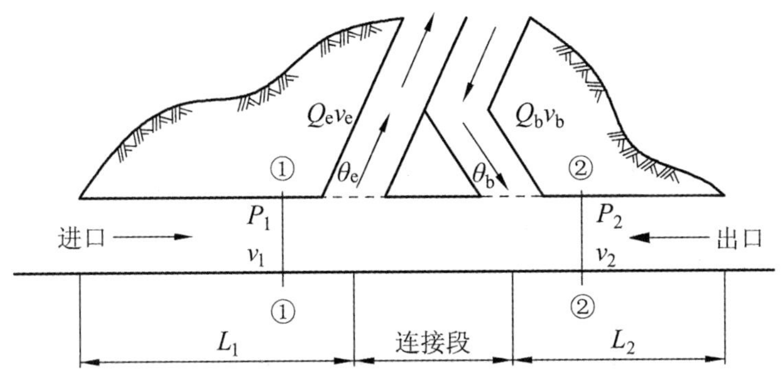

图 3-3　斜（竖）井送排式纵向通风的压力模式图

隧道内的压力应满足式（3-19）：

$$P_b + P_e \geqslant P_n + P_\lambda + P_\zeta \tag{3-19}$$

式中　P_b——送风口压力（N/m^2）；

P_e——排风口压力（N/m^2）。

送风口压力和排风口压力可按式（3-20）和式（3-21）计算：

$$P_b = 2\frac{Q_b}{Q_2}\left(\frac{Q_b}{Q_2} + \frac{v_b}{v_2}\cos\theta_b - 2\right)\frac{\rho v_2^2}{2} \tag{3-20}$$

$$P_e = 2\frac{Q_e}{Q_1}\left(2 - \frac{v_e}{v_1}\cos\theta_e - \frac{Q_e}{Q_1}\right)\frac{\rho v_1^2}{2} \tag{3-21}$$

式中　Q_1——L_1段风量（m^3/s）；

v_1——L_1段风速（m/s）；

Q_2——L_2段风量（m^3/s），$Q_2 = Q_b - Q_e + Q_1$；

v_2——L_2段风速（m/s）；

Q_e——排风量（m^3/s）；

v_e——排风口风速（m/s）；

Q_b——送风量（m^3/s）；

v_b——送风口风速（m/s）。

送、排风机的风压可按式（3-22）、式（3-23）计算：

$$H_{gb} = 1.1\left(\frac{\rho}{2}v_b^2 + P_{db} + P_b\right) \tag{3-22}$$

$$H_{ge} = 1.1\left(\frac{\rho}{2}v_e^2 + P_{de} + P_e\right) \tag{3-23}$$

式中　P_{db}——送风口、送风井及连接通道的总压力损失（N/m^2）；

P_{de}——排风口、排风井及连接通道的总压力损失（N/m^2）。

3.3.3　横向式通风

横向式通风方式是在隧道内设置送入新鲜空气的送风道和排出污染空气的排风道，

隧道内只有横向风流，基本不产生纵向风流。与纵向通风方式相比，横向式通风方式的气流是在隧道横断面上产生循环，进行换风，其车道内风速较低，排烟效果良好。但横向通风需要在隧道内设车道板和吊顶，还要设风井，使隧道建筑工程量增大，费用增高；另外，由于受隧道施工断面限制，送风道和排风道断面小，通风阻力大，通风能耗大，则运营管理费用高。

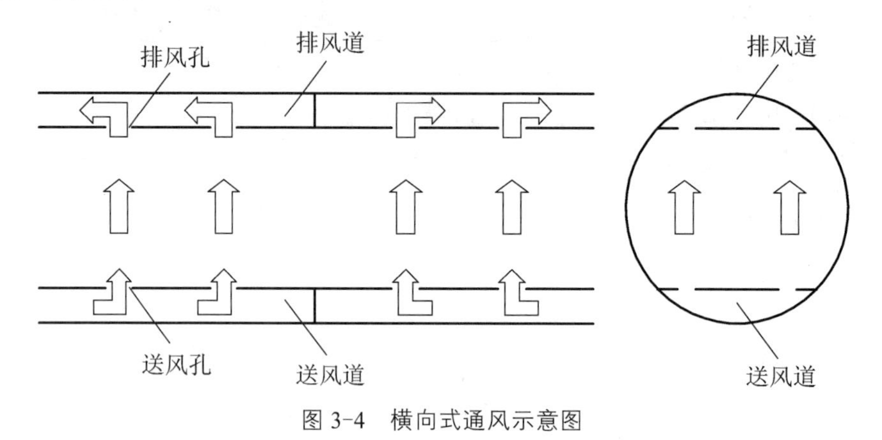

图 3-4　横向式通风示意图

3.3.4　半横向式通风

半横向式通风方式是在隧道内设置送入新鲜空气的送风道，在行车道内与污染空气混合后沿隧道纵向流动至隧道两端洞口排出，如图 3-5 所示。半横向式通风是介于纵向和横向式通风之间的一种通风方式，其综合了纵向和横向式通风的优点和缺点。在一些长大隧道中，因采用横向式通风费用高，可考虑采用半横向式通风方式。

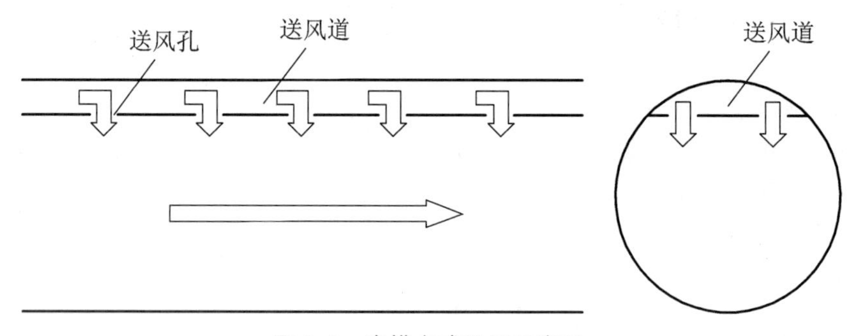

图 3-5　半横向式通风示意图

3.3.5　通风方式的选择

铁路隧道的通风方式分为自然通风和机械通风，通风方式的选择应根据技术、经济条件、考虑安全、效果等因素，综合比较确定。当利用列车活塞风与自然风的共同作用可完成隧道通风时，应选择自然通风；对于某些特长铁路隧道及某些洞身存在瓦斯等有害物质的隧道，利用列车活塞风与自然风的共同作用无法完成隧道通风，应选择机械通风。机械通风的选择原则：① 正常运营通常采用纵向式通风；② 当隧道特长或有特殊要求时，可采用分段式通风；③ 维护作业时宜采用固定通风与移动通风相结合的方式。

在铁路隧道中行驶的列车主要是电力机车和内燃机车。电力机车具有运行速度快，运行过程产生污染小的特点，因此大多数电气化铁路隧道的通风主要依靠列车在隧道中行驶所产生的活塞风及自然风的作用即可满足隧道通风换气和空气卫生标准，无需设置专门机械通风。在《铁路隧道运营通风设计规范》（TB 10068—2010）中规定：电力机车牵引，客运专线隧道长度大于 20 km、客货共线隧道长度大于 15 km 应设置机械通风。

对于内燃机车牵引的隧道，较电力机车牵引隧道其隧道中的一氧化碳、二氧化氮及烟雾浓度较高，采取机械通风方式较多。在《铁路隧道运营通风设计规范》（TB 10068—2010）中规定：内燃机车牵引，隧道长度在 2 km 以上，宜设置机械通风。

习 题

3.1 简述铁路隧道中主要行驶的列车种类及不同种类列车行驶过程中产生的有害物质。

3.2 《铁路隧道运营通风设计规范》（TB 10068—2010）对铁路隧道空气的质量有哪些具体规定？

3.3 某电力牵引的单线隧道全长为 15 100 m，采用全射流纵向式通风。隧道断面积 F=31.97 m^2，当量直径 d=6.06 m，断面湿周 S=21.1 m，采用无砟轨道，隧道壁面沿程系数取 λ=0.02。空气密度 ρ=1.225 kg/m^3，自然反风风速 v_n=2.0 m/s，在天窗实现换气通风，通风时间 90 min。计算列车长度取 500 m，列车速度 80 km/h，列车断面面积 12.6 m^2，湿周 14.3 m，环状空间阻力系数取 0.02。选用 112 型射流风机，风机风速 v_j=33.9 m/s，风口面积 A_j=0.985 m^2，射流风机位置摩阻损失折减系数取 0.86。求解隧道所需风机台数。

3.4 铁路隧道运营通风有哪些通风方式？各有什么特征？

3.5 电力机车牵引隧道和内燃机车牵引隧道在什么情况下必须设置机械通风？机械通风选择有什么原则？

第 4 章　地铁通风空调

【本章重难点内容】

（1）地铁通风空调系统的组成。

（2）地铁通风空调的制式及各通风空调系统的优缺点。

（3）地铁车站内部通风系统组成。

（4）地铁通风空调系统运行状态。

（5）地铁通风空调系统负荷计算方法。

4.1　地铁通风空调系统概述

1863 年 1 月 10 日，伦敦，世界上第一条地铁线路开通运营，“大都会”号由于采用蒸汽机驱动运行，机车排放出的烟气造成地下车站环境湿热难挡；“大都会”号以后的伦敦地铁引入了电力机车，其间又遇到了新的问题，由于电力机车的功率很大，放出的热量也更多，伴随着客运量的增大，伦敦地铁车站内部环境进一步恶化。

1905 年 10 月，纽约第一条地铁开通运行，设计人员在设计过程中对于隧道和车站的强迫通风没有多加考虑，他们认为人行道上的通风口就能为地铁系统提供足够的新鲜空气。次年夏天由于地面通气口不畅而引起的地铁内温度过高问题变得严重起来，后来为了增加通气量，车站的屋顶上不得不设置了更多的通气口，并在站内及站间加装了风机和通风管道。

吸取了纽约地铁的设计教训，在 1909 年 5 月修建波士顿地铁时，设计人员已充分地认识到为乘客们提供一个舒适环境的必要性，首次采用隧道顶部的风管进行通风并加大了车站出入口面积，提出“采用机械通风方式获得纯净空气”，总结出“温度问题与通风有关，加大通风换气次数，将减少隧道内外温差”，通过工程实践，使得地铁的内部环境大为改善。

1943 年芝加哥的第一条地铁建成，在设计芝加哥地铁的一开始，设计师就关注到了车站环境控制的问题。Edcson Brock 为这条地铁通风系统的建立做出了巨大贡献，Brock 在“芝加哥地铁通风计算的进展”中建立了计算列车活塞效应的方法和计算式，为了在地铁中实现热量平衡，Brock 不仅考虑了为保持舒适的地铁环境所需的空气变化量，同时也考虑了隧道壁、土壤温度日变化和年变化影响以及热量的累积作用，并测定了多种温度及循环下的累积效应，在设计芝加哥地铁时充分利用了这些数据，创造了在未使用空调情况下，地下车站内部几乎全年都能提供充分通风和宜人环境温度的车站环控系统。

芝加哥地铁内环境问题的成功解决，使得其他许多计划修建地铁的城市，在设计的早期阶段开始寻找解决环境问题的方案。1954 年开通的多伦多地铁基本上是以芝加哥地铁设计为蓝本的。为了降低工程造价，设计人员将通风竖井之间的间距增大了近 3 倍。列车的阻塞比则提高了 15%，隧道中高速行驶的列车所形成的活塞风对站台乘客的生理、心理带来了很多负面的影响。随后，多伦多地铁为了克服上述不良影响，采用了一些结构上的改变以及利用隧道周围岩土层的蓄热（冷）性能，采用夜间通风，达到较好的环境要求。

从 1863 年伦敦建成第一条地下铁道以来，至今世界上已有近 100 座大城市拥有地铁。随着我国城镇化规模的不断扩大，城市人口流通量急剧增加，交通拥堵现象日益严重，传统的公共交通工具已经无法满足城市人群日常出行需求。地铁快捷、便利、环保、大客流量运输的特点，使它成为解决现代化城市交通紧张的有效运具。我国的第一条地铁线路于 1965 年 7 月在北京开工兴建，1971 年 1 月开始试运营，随后相继建设开通了上海地铁、广州地铁、深圳地铁、南京地铁，目前正在修建的还有杭州地铁、沈阳地铁、西安地铁等。随着已开通地铁的运营，地铁通风空调系统（简称环控系统）已成为满足和保证人员及设备运行所需内部空气环境的关键工艺系统，是地铁中不可或缺的一个重要组成部分。

4.2 地铁通风空调系统组成

4.2.1 地铁通风空调系统制式

城市轨道交通环控系统的目的就是在正常运行期间为地铁乘客提供舒适的环境，以及在紧急情况下迅速帮助乘客离开危险地并尽可能减少损失，一条城市轨道交通线路的环控系统都必须满足以下三个基本要求。

（1）列车正常运行时，环控系统能根据季节气候，合理有效地控制城市轨道交通系统内空气温度、湿度、流速和洁净度、气压变化和噪声，以提供舒适、卫生的空调环境。

（2）列车阻塞运行时，环控系统能确保隧道内空气流通，列车空调器正常运行，乘客们感到舒适。

（3）紧急情况时，环控系统能控制烟、热、气扩散方向，为乘客撤离和救援人员进入提供安全保障。

根据城市轨道交通隧道通风换气的形式以及隧道与车站站台层的分隔关系，城市轨道交通通风空调系统一般划分为三种制式：开式系统、闭式系统和屏蔽门系统。

1. 开式系统

隧道内部与外界大气相通，仅考虑活塞通风或机械通风，它是利用活塞风井、车站出入口及两端洞口与室外空气相通，进行通风换气的方式，如图 4-1 所示。其主要用于北方，我国采用该系统的有北京地铁 1 号线和环线。

2. 闭式系统

闭式系统是一种地下车站内空气与室外空气基本不相连通的方式，即城市轨道交通车站内所有与室外连通的通风井及风门均关闭，夏季车站内采用空调，仅通过风机从室外向车站提供所需空调最小新风量或空调全新风。区间隧道则借助于列车行驶时的活塞效应将车站空调风携带入区间，由此冷却区间隧道内温度，并在车站两端部设置迂回风通道，以满足闭式运行活塞风泄压要求，线路露出地面的峒口则采用空气幕隔离，防止峒口空气热湿交换。闭式系统通过风翼控制，可进行开、闭式运行。我国采用该种形式的有广州地铁 1 号线、上海地铁 2 号线、南京地铁 1 号线和哈尔滨地铁 1 号线等。

图 4-1　开式系统

还有另一种闭式系统即大表冷器闭式系统，在其空气处理模式方面同上述闭式系统基本一致，只是将隧道事故风机多功能化以取代组合空调机组的离心风机和回、排风机，采用结构式空调设备，空气过滤装置和翅片式换热装置设置于土建结构的风道内。我国采用该系统的有南京地铁 2 号线，北京地铁 4 号线、5 号线、10 号线、复八线。

在闭式系统的城市轨道交通线中，为了增加旅客的安全性，许多车站在站台边缘设置了安全门，但其并没有将隧道和车站的空气隔离开来。

3. 屏蔽门系统

屏蔽门安装在站台边缘，是一道修建在站台边沿的带门的透明屏障，将站台公共区与隧道轨行区完全屏蔽，屏蔽门上各扇门上活动门之间的间隔距离与列车上的车门距相对应，看上去就像是一排电梯的门，如图 4-2 所示。列车到站时，列车车门正好对着屏蔽门上的活动门，乘客可自由上下列车，关上屏蔽门后，所形成的一道隔墙可有效阻止隧道内热流、气压波动和灰尘等进入车站，有效地减少了空调负荷，为车站创造了较为舒适的环境。另外屏蔽门系统的设置可以有效防止乘客有意或无意跌入轨道，减小噪声及活塞风对站台候车乘客的影响，改善了乘客候车环境的舒适度，为轨道交通实现无人驾驶奠定了技术基础，但屏蔽门的初投资费用较高，对列车停靠位置的可靠性要求很高，若客流密度较大，车门口可能出现拥挤，且对长期运行隧道内温度超标难以解决。采用该系统的有香港新机场线、深圳各地下线、广州地铁 2 号线及以后所有地下线、广佛地铁、上海地铁除 2 号线外的各地下线、杭州地铁 1 号线、苏州地铁 1 号线、重庆地铁 1 号线、成都地铁 1 号线、长沙地铁 1 号线等我国近年来修建的大部分地下线。

新加坡、马来西亚、日本、法国、英国、美国和丹麦等国家的轨道交通系统早已采用了屏蔽门技术，这些国家和地区的应用情况大致分为两类：一类为气候炎热的热带和亚热带地区，采用屏蔽门系统主要是为了简化车站空调通风系统，以节能和减少工程投资为主要目的，这类屏蔽门在站台为全封闭式，如新加坡 NEL 线、香港新机场线、将军坳线等；另一类为在非炎热地区，采用屏蔽门的主要目的是考虑乘客候车时的安全，主要采用在无人驾驭的城市轨道交通系统或有高速列车通过的车站，如法国吐鲁斯轻轨系统、巴黎 14 号线为无人驾驭系统。

图 4-2　屏蔽门系统

4.2.2　各系统应用的效果评价

屏蔽门系统优点是由于屏蔽门的存在创造了一道安全屏障，可防止乘客无意或有意跌入轨道；屏蔽门可隔断列车噪声对站台的影响；此外同等规模的车站加装屏蔽门系统的冷量约为未加装屏蔽门系统冷量 2/5 左右，相应的环控机房面积可减少 1/3 左右，这样年运行费用仅是闭式系统的一半。但是安装屏蔽门需要较大投资，并随之增加了屏蔽门的维修保养工作量和费用，且屏蔽门的存在将影响站台层车行道壁面广告效应，站台有狭窄感，对于侧式站台这种感觉尤甚。

闭式系统的优点是车站和区间隧道内设计温度和气流速度在不同工况条件下符合设计要求，环控工况转换简明，站台视野开阔，广告效应良好，但其相对屏蔽门系统带来冷量大、所需环控机房面积大、耗能高，此外站台层环境受到列车噪声影响。

只采用通风的开式系统主要应用在我国的北方，在我国夏热冬冷和夏热冬暖地区是不适合采用的。闭式系统和屏蔽门系统在夏热冬冷和夏热冬暖地区应用较多，偶尔也有大表冷器闭式系统的出现。

城市轨道交通通风空调系统制式优缺点对比如表 4-1 所示。

我国 2013 年颁布的《地铁设计规范》（GB 50157—2013）中要求：“地铁的通风与空调系统应保证其内部空气环境的空气质量、温度、湿度、气流组织、气流速度和噪声等均能满足人员的生理及心理条件要求和设备正常运转的需要。”

在城市轨道交通设计中，确定夏季空气调节新风的室外计算干球温度时，采用“近 20 年夏季地下铁道晚高峰负荷时平均每年不保证 30 h 的干球温度”，而不采用《采暖通风与空气调节设计规范》（GB 50019—2003）（以下简称“暖通规范”）规定的“采用历年平均不保证 50 h 的平均温度”，因为暖通规范是主要针对地面建筑工程的，与地下铁道的情况不同。暖通规范的每年不保证 50 h 的干球温度一般出现在每天的 12~14 时，而据城市轨道交通运营资料统计，此时城市轨道交通客运负荷较低，仅为晚高峰负荷的 50%～70%，若按此计算空调负荷，则不能满足城市轨道交通晚高峰负荷要求；若同时采用夏季不保证 50 h 干球温度与城市轨道交通晚高峰负荷来计算空调冷负荷，则形成两个峰值叠加，使空调负荷偏大。因此采用地下铁道晚高峰负荷出现的时间相对应的室外温度较为合理。

表 4-1　城市轨道交通空调形态优缺点对比

制式	描述	优点	缺点	应用范围
开式系统	活塞作用或机械通风，通过风亭使地下空间与外界通风换气	系统简单，设备少，控制简单，运行能耗低	标准低，无法有效控制站内环境、组织防排烟	欧美北部地区的老线，我国北京 1 号线、2 号线
闭式系统	隧道通风设施，隧道通风系统的运行方式根据室外气候的变化，通过风阀控制可采用开式和闭式运行；车站空气与隧道相通	活塞效应将车站的空气引入区间隧道内降低温度作用；区间隧道内的空气温度较同样运行条件下的屏蔽门系统低；站台视野开阔，广告效应好	车站的温度场、速度场无法维持稳定，车站空气品质难控制；当乘客因意外或特殊情况跌入轨道时将对正常运营带来严重影响；空调季节空调系统投资和运行费用高；通风空调系统机房大；土建投资大	国内长江以北城市
屏蔽门系统	在闭式系统的基础上，用屏蔽门将车站与隧道区域隔离开	提高安全性；降低活塞效应对车站的影响，减少车站与隧道的空气对流，减少车站冷负荷的损失，提高车站空气洁净度、降低列车进站带来的噪声；节省通风空调系统的初投资、运行费用和土建初投资	增加初投资和运营费用；增加与有关专业的接口关系；活塞效应将区间隧道的热空气排至外界，引入室外的新风冷却隧道；高温季节很难控制隧道内的温度	国内长江流域及以南城市

区间隧道正常工况最热月日最高平均温度为 $f \leqslant 35$ °C。列车阻塞工况温度标准为 $f \leqslant 40$ °C。主要考虑到列车阻塞在区间隧道工况为使列车空调冷凝器继续正常运转，须由列车后方站 TVF（Tunnel Ventilation Fan）风机向区间隧道送入新风，由前方站区间隧道 TVF 风机将区间隧道内空气排至地面，区间隧道内气流方向与列车前进方向一致。由于阻塞在区间隧道内的列车其冷凝器产热连续释放到周围空气中去，而这时列车活塞风已停止，从而使列车周围气温迅速升高，当列车空调冷凝器进风温度>46 °C，则部分压缩机将卸载；当进风温度>56 °C，压缩机就停止转动，那么列车内温湿度环境将会使乘客无法忍受。由于列车顶部空调冷凝器周围空气温度又比列车周围空气温度高出 5 ~ 6 °C，为使冷凝器周围空气温度低于 46 °C，就要求列车周围空气温度低于 40 °C。

车站相对湿度控制在 45% ~ 65%。人员最小新风量：城市轨道交通工程为地下工程，站内空气质量较室外差，因此人员的新风量标准就显得尤为重要，按规定，并考虑到各地的具体情况，站厅站台空调季节采用每个乘客按不小于 12.6 m^3/（h · 人），且新风量不小于系统总风量的 10%；非空调季节每个乘客按不小于 30 m^3/（h · 人），且换气次数大于 5 次/h；设备管理用房人员新风量按不小于 30 m³/（h·人），且不小于系统总风量的 10%。

空气质量标准为 CO_2 浓度小于 1.5‰。各种噪声控制标准为正常运行时，站厅、站台公共区不大于 70 dB（A）；地面风亭白天≤70 dB（A），夜间≤55 dB（A）；环控机房≤90 dB（A）；管理用房（工作室及休息室）≤60 dB（A）。在站厅、站台层公共区气流组织方面，由于城市轨道交通车站是一个长方形的有限空间，具有较大的发热量，要求沿车站长度方向均匀送风，回风口亦宜设置在上部，因此典型的岛式车站采用两侧由上往下送风，中间上部回风的两送一回或两送两回形式，送风管分设在站厅和站台上方两侧，风口朝下均匀送风，回风管设在车站中间上部，如图 8-3 所示，也可采用在车站两端集中回风的形式。侧式站台则分别采用一送一回形式。站台排风由列车顶排风和站台下排风组成：列车顶排风道布置在列车轨道上方，列车顶排风口与列车空调冷凝器的位置对应；站台下送排风道为土建风道，站台下排风口与列车下发热位置对应。列车顶排风道兼做排烟风道。

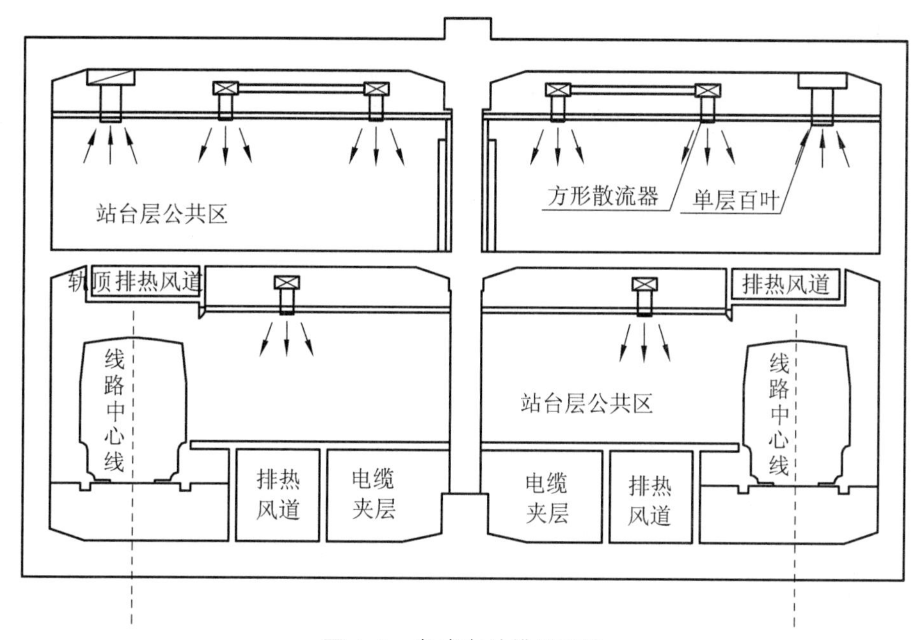

图 4-3　岛式车站排风系统

风速设计标准按正常运营情况与事故通风与排烟两种情况设定。

正常运营情况下，结构风道、风井风速不大于 6 m/s；风口风速为 2 ~ 3 m/s；主风管风速不大于 10 m/s；无送、回风口的支风管风速为 5 ~ 7 m/s，有送、回风口时风速为 3 ~ 5 m/s；风亭格栅风速不大于 4 m/s；消声器片间风速小于 10 m/s。

事故通风与排烟情况下，区间隧道风速控制在 2 ~ 11 m/s；排烟干管风速小于 20 m/s（采用金属管道）；排烟干管风速小于 15 m/s（采用非金属管道）；排烟口的风速小于 10 m/s。防灾主要设计标准包括：城市轨道交通火灾只考虑一处发生；站厅火灾按 1 m³/（min·m²）计算排烟量；站台火灾按站厅至站台的楼梯通道处向下气流速度不小于 1.5 m/s 计算排烟量；区间隧道火灾按单洞区间隧道过风断面风速 2 ~ 2.5 m/s 计算排烟量。

4.3 地铁车站内部通风系统

城市轨道交通通风空调系统的组成实际上与各地下车站功能区的划分密切相关，其中还必须兼顾到安全性考虑，如防排烟系统的设置问题。不管是站台加装了屏蔽门的屏蔽门系统还是通常所说的闭式系统，车站内部的通风空调系统均可简化为四个子系统：

（1）公共区通风空调兼排烟系统。

（2）设备管理用房通风空调兼排烟系统。

（3）隧道通风兼排烟系统。

（4）空调制冷循环水系统。

4.3.1 公共区通风空调

城市轨道交通车站的站厅、站台层公共区是乘客活动的主要场所，也是环控系统空调、通风的主要控制区。公共区的通风空调简称为大系统。设计中除在站厅、站台长度范围内设有通风管道均匀送、排风外，还在站台层列车顶部设有车顶回、排风管（OTE），站台层下部设有站台下网、排风道（UPE），并在列车进站端的车站端部设有集中送风口，其作用是使进站热风尽快冷却、增加空气扰动、减少活塞风对乘客的影响。车站公共区空调大系统原理如图 4-4 所示。

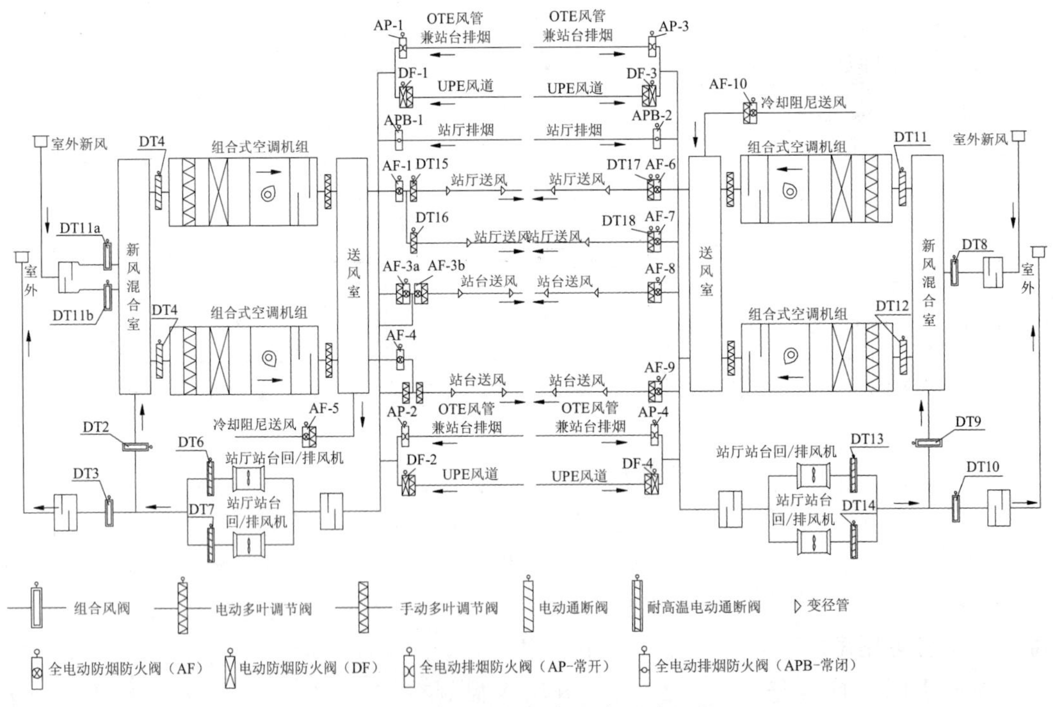

图 4-4 车站公共区空调大系统原理

车站的空调、通风机设于车站两端的站厅层，设备对称布置，基本上各负担半个车站的负荷，车站大系统主要有：四台组合式空调机组，四台回、排风机及相应的各种风阀、防火阀等设备，其作用是通过空调或机械通风来排除车站公共区的余热余湿，为乘客创造一个舒适的乘车环境，并在发生火灾时通过机械排风方式进行排烟，使车站内形成负压区，新鲜空气由外界通过人行通道或楼梯口进入车站站厅、站台，便于乘客撤离和消防人员灭火。

站厅层空调采用上送上回形式，站台层采用上送上回与下回相结合的形式，一般在列车顶部设置轨顶回、排风管将列车空调冷凝器的散热直接由回风带走；同时在站台下设置站台下回、排风道，直接将列车下面的电器、制动等发热和尘埃用回风带走。

车站站台或列车发生火灾时，除车站的站台回、排风机运转向地面排烟外，其他车站大系统的设备均停止运行，使站台到站厅的上、下通道间形成一个不低于 1.5 m/s 的向下气流，便于乘客迎着气流撤向站厅和地面；车站站厅发生火灾时，站厅回、排风机全部启动排烟，大系统的其他设备均停止运行，使得出、入口通道形成由地面至车站的向下气流，便于乘客迎着气流撤向地面。

4.3.2 设备管理用房通风空调

车站的管理及设备用房区域内主要分布着各种运营管理用房和控制系统的设备用房，它的工作环境好坏将直接影响城市轨道交通能否安全、正常地运营，实际上它是城市轨道交通车站管理系统的核心地带，也是环控系统设计的重点地区，这类用房根据各站不同的需要而设置。车站设备用房通风空调系统又简称小系统。机房一般布置在车站两端的站厅、站台层，站厅层主要集中了通信、信号、环控电控室、低压供电、环控机房以及车站的管理用房，站台层主要布置的是高、中压供电用房。车站设备管理用房通风空调系统原理如图 4-5 所示。

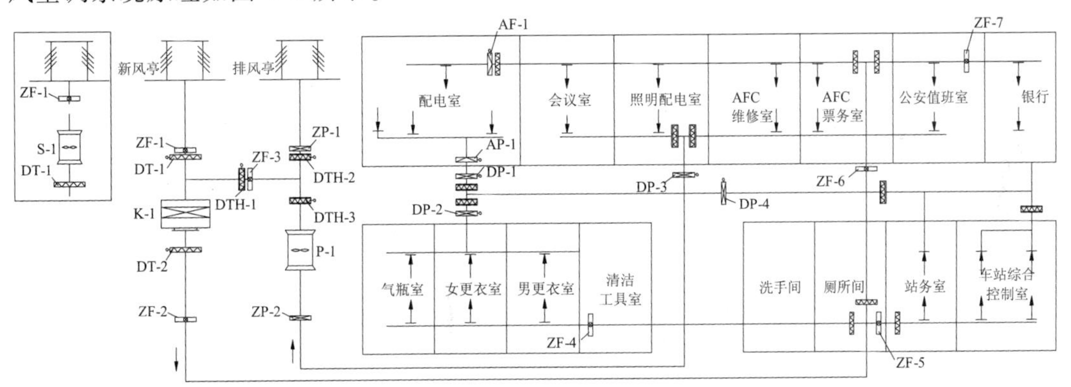

图 4-5 车站设备管理用房通风空调系统原理

由于各种用房的设备环境要求不同，温湿度要求也不同，根据各种用房的不同要求，小系统的空调、通风基本上根据以下 4 种形式分别设置独立的送风和（或）排风系统：

（1）需空调、通风的用房，例如通信、信号、车站控制、环控电控、会议等用房。

（2）只需通风的用房，例如高、低压，照明配电，环控机房等用房。

（3）只需排风的用房，例如洗手间、储藏间等。

（4）需气体灭火保护的用房，例如通信、信号设备室，环控电控室，高低压室等。

车站小系统的设备组成主要包括为车站的设备及管理用房服务的轴流风机，柜式、吊挂式空调机组及各种风阀，其作用是通过对各用房的温湿度等环境条件的控制，为管理、工作人员提供一个舒适的工作环境，为各种设备提供正常运行的环境。在火灾发生时，通过机械排风方式进行排烟，有利于工作人员撤离和消防人员灭火。在气体灭火的用房内关闭送、排风管进行密闭灭火。

4.3.3 隧道通风兼排烟系统

隧道通风系统的设备主要由分别设置在车站两端站厅、站台层的四台隧道通风机以及与其相应配套的消声器、组合风阀、风道、风井、风亭等组件构成，其作用是通过机械送、排风或列车活塞风作用排除区间隧道内余热余湿，保证列车和隧道内设备的正常运行。典型区间段通风兼排烟系统如图 4-6 所示。另外在每天清晨运营前半小时打开隧道风机，进行冷却通风，既可以利用早晨外界清新的冷空气对城市轨道交通进行换气和冷却，又能检查设备及时维修，确保发生事故时能投入使用；在列车由于各种原因停留在区间隧道内，而乘客不下列车时，顺列车运行方向进行送-排机械通风，冷却列车空调冷凝器等，使车内乘客仍有舒适的旅行环境；当列车发生火灾时，应尽一切努力使列车运行到车站站台范围内，以利于人员疏散和灭火排烟。当发生火灾的列车无法行驶到车站而被迫停在隧道内时，应立即启动风机进行排烟降温：隧道一端的隧道风机向火灾地点输送新鲜空气，另一端的隧道通风机从隧道排烟，以引导乘客迎着气流方向撤离事故现场，消防人员顺着气流方向进行灭火和抢救工作。

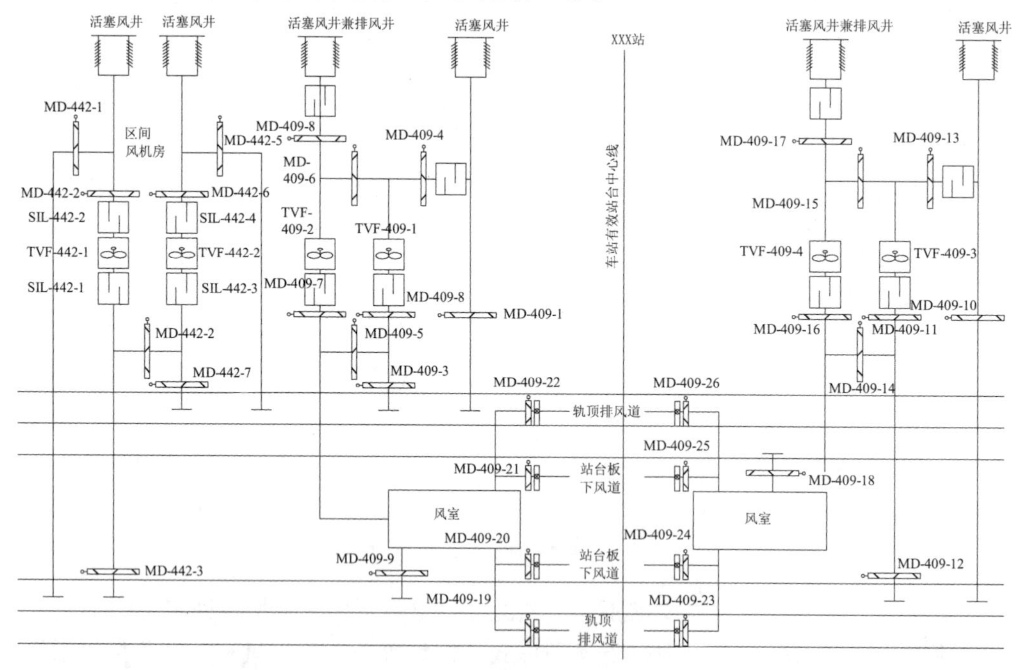

图 4-6　典型区间段系统原理

另外隧道通风系统中还包括闭式系统隧道洞口处的设备及过渡段折返线处的局部通风设施。隧道洞口和车站出入口通道是外界大气与城市轨道交通地下空间直接相通的地方，为了减少外界高温空气对城市轨道交通空调系统的影响，在地面至隧道洞口处设有空气幕隔离系统，该系统是由两台风机和空气幕喷嘴组成，机房设置在地下隧道洞口处；折返线两端均设道岔与正线相连接，折返线一般在正线的中部，断面积较大，原车站内的隧道通风机很难满足正线和折返线的同时通风，另设风机将增大机房面积，也较难实施。通过各种方案比较，较常采用的是射流风机通风的方案，由射流风机和车站隧道通风机共同组织气流，此设计主要是为解决地下空间紧张及折返线（过渡段）气流组织困难的问题。

4.3.4 空调制冷循环水系统

车站空调制冷循环水系统的作用是为车站内空调系统制造冷源并将其供给车站空调大、小系统中的空气处理设备（组合式窄凋箱、柜式风机盘管），同时通过冷却水系统将热量送出车站。

目前，城市轨道交通通风空调系统根据冷源与车站的配置关系分为独立供冷与集中供冷两种形式。

1. 独立供冷

一般每个地下车站中均设置独立冷冻站，通常采用两台制冷能力相同的较大（制冷量≥1 000 kW）的螺杆式机组和一台较小的（制冷量≤500 kW）螺杆式冷水机组（或活塞式冷水机组及其他形式）组合运行的模式。两台制冷量大的螺杆式机组按大系统空调冷负荷选型；一台制冷量小的螺杆式冷水机组按小系统（负责设备管理用房）空调冷负荷选型，它既可单独运行，也可并入大系统，与大容量的螺杆式机组联合运行。空调水系统还包括冷冻、冷却水泵、冷却塔、空调箱等末端设备。空调水系统原理如图 4-7 所示。

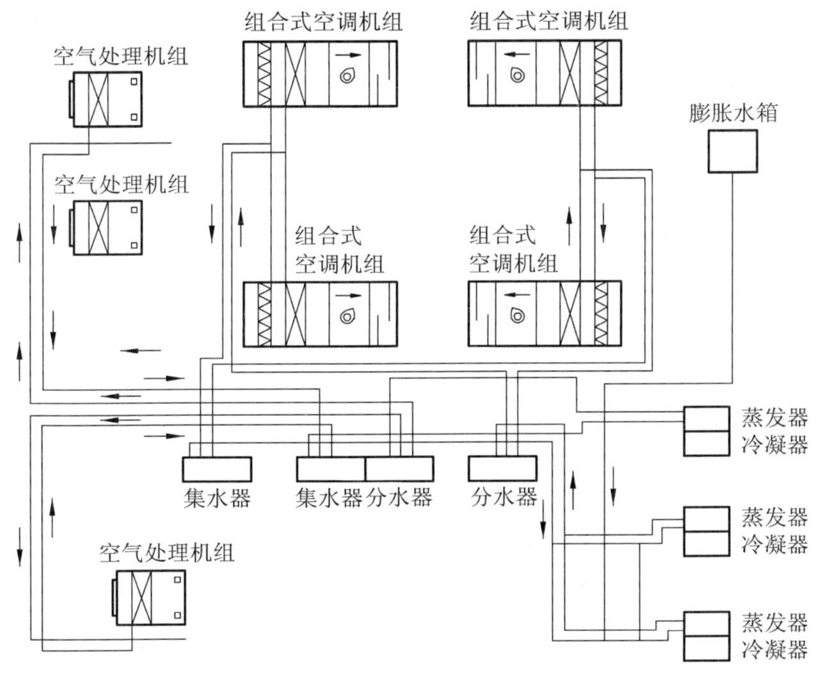

图 4-7 空调水系统原理

系统图中冷冻水泵、冷却水泵与冷水机组台数一一对应，小系统分集水器与公共区冷源分集水器间通过管道连通，连通管上设有阀门，正常运行时关闭，需要互为备用时手动开启。冷冻站集中设置在车站一端制冷机房内，位置尽可能靠近负荷中心，力求缩短冷冻水供/回水管长度。

空调冷冻水温度：供水 7 °C，回水 12 °C。冷却水温度：供水 32 °C，回水 37 °C。冷冻水系统采用一次泵系统，小系统空调机组的回水管上设置电动二通阀，小系统集水器和分水器间设置压差式旁通阀，大系统集水器和分水器不连通。

冷冻水系统的定压采用膨胀水箱。

在空调季节正常运行工况下，根据车站冷负荷的大小来控制大容量螺杆式机组及小容量螺杆式冷水机组启停的台数；非空调季节，水系统全部停止运行。当发生区间隧道堵塞事故时，水系统按当时正常的运行工况继续运行。当站厅层、站台层公共区或区间隧道发生火灾时，关闭作为大系统冷源的那部分水系统，只运行与小系统有关的部分；当小系统设备用房发生火灾时，水系统全部停止运行。

2. 集中供冷

集中供冷系统具有能效高、环境热污染小、便于维护管理等优点，它作为节能环保重要途径在城市的规划和发展中正成为一大趋势。

在城市轨道交通线路中采用集中供冷系统形式：第一，通过对线网中冷冻站合理布局减少冷却塔对周围环境的影响；第二，减少了前期为了室外冷却塔设备占地及美观等要求与城市规划部门的协调工作量；第三，减少了冷冻站的数量，节约地下的有限空间；第四，提高了运营效率，同时也便于集中维护管理，提高自动化水平。集中供冷系统已在广州地铁 2 号线、中国香港地铁车站、埃及开罗地铁车站中成功应用。

城市轨道交通集中供冷系统采用集中设置冷水机组、联动设备及其他辅助设备，经过室外管廊、地沟架空、区间隧道敷设冷水管，用二次水泵将冷水输送到车站空调大系统末端。集中供冷系统的原理及流程如图 4-8 所示。

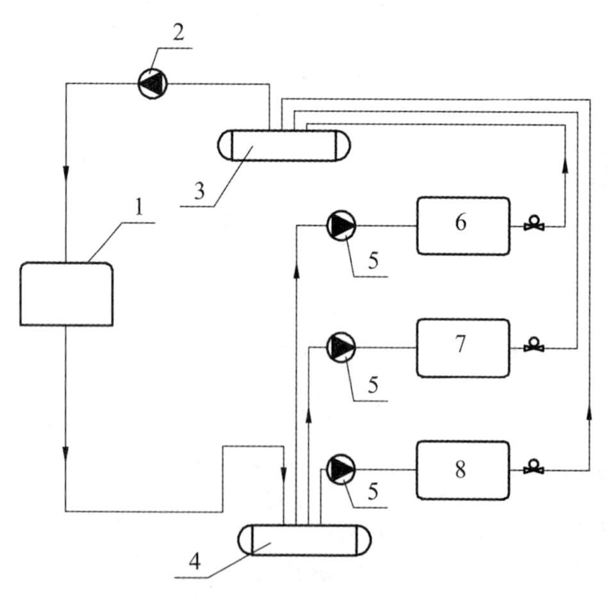

图 4-8　供冷系统原理

1—冷却塔；2—冷却水一次泵；3—集水器；4—分水器；5—冷却水二次泵；
6—车站一制冷冷水机组；7—车站二制冷冷水机组；
8—车站三制冷冷水机组

4.4 地铁通风空调系统运行状态

城市轨道交通通风空调系统的运行可分为正常运行与阻塞及火灾事故运行两种状态，对应这两种状态系统又可细分出正常运行模式、阻塞及火灾事故运行模式。

4.4.1 正常运行

1. 车站空调、通风系统

在全新风空调、通风运行环境下，外界大气焓值小于车站空气焓值，启动制冷空调系统，运行全新风机，外界空气经由空调机冷却处理后送至站厅、站台公共区，排风则全部排出地面，此种运行模式称为全新风空调、通风运行。

在小新风空调、通风运行环境下，启动制冷空调系统，运行空调新风机，部分回/排风排出地面，部分作为回风与空调新风机所输送的外界新风混合，经由空调机冷却处理后送至站厅、站台公共区，此种运行模式称为小新风空调、通风运行。

在非空调通风运行环境下，外界大气焓值小于或等于空调送风焓值，关停制冷系统，外界空气不经冷却处理直接送至站厅、站台公共区，排风则全部排出地面，此种运行模式称为非空调通风运行。

2. 区间隧道通风系统

在自然闭式系统中，$i_{外} \geq i_{站}$，关闭隧道通风井，打开车站内迂回风道，区间隧道内由列车运行的活塞作用进行通风换气，活塞风由列车后方车站进入隧道，列车前方气流部分进入车站。部分从迂回风道循环到平行的相邻隧道内口。

在自然开式系统中，$i_{外} < i_{站}$，打开隧道风井；由列车的活塞作用，外界大气从列车运行后方的隧道通风井进入城市轨道交通隧道，此方式为进风方式；由列车的活塞作用，外界大气从列车运行的前方隧道通风井排出地面，此方式为排风方式。

在机械开式系统中，$i_{外} < i_{站}$，自然开式又不能满足隧道内温湿度要求，隧道通风机启动，进行机械通风；外界大气从列车运行后方的隧道通风井经隧道通风机送至隧道内，此方式为送风方式；外界大气从列车运行的前方隧道通风井经隧道通风机排出地面，此方式为排风方式。

综上所述，可见区间隧道通风系统的运行模式以及通风方式是个较为复杂的问题，它不是完全独立的系统，与车站大系统有很多联系，运行中将与车站大系统共同动作。

4.4.2 阻塞及火灾事故运行

1. 阻塞事故运行

阻塞事故运行指列车在正常运行时由于各种原因停留在区间隧道内，此时乘客不下列车，这种状况下称为阻塞事故运行。

在车站空调、通风系统中，当列车阻塞在区间隧道内时，车站空调、通风系统按正常运行，当 TVF 风机需运转时，车站按全新风空调通风运行。在运行 TVF 风机时，该端站台回、排风机停止运行，使车站的冷风经 TVF 风机送至列车阻塞的隧道内。

在区间隧道通风系统中，在闭式机械运行环境下，当车站自然闭式运行时，若发生列车在区间隧道内阻塞 TVF 风机运转，将车站冷风送至隧道内；在开式机械运行环境下，当车站开始运行时，若发生列车在区间隧道内阻塞，TVF 风机按机械开式的模式运行。

2. 火灾事故运行

地下铁道空间狭小，一旦发生火灾，乘客疏散和消防条件较地面更为恶劣，因此，设计中应作为重点解决的问题。火灾时一切运行管理都应绝对服从乘客疏散及抢救工作的需要。火灾事故包括区间隧道火灾及车站火灾，其中车站火灾又包括车站内列车、站台、站厅火灾。

列车在区间隧道内发生火灾时，应首先考虑将列车驶入车站，如停在区间时，应判断列车着火的部位、列车的停车位置，按火灾运行模式向火灾地点输送新鲜空气和排除烟气，让乘客迎着新风方向撤离事故现场，同时让消防人员进入现场灭火抢救。

列车火灾及站台火灾时，应使站台到站厅的上、下通道间形成一个不低于 1.5 m／s 的向下气流，使乘客从站台迎着气流撤向站厅和地面，因此，除车站的站台回、排风机运转向地面排烟外，其他车站大系统的设备均停止运行。站厅发生火灾时，站厅回、排风机全部启动排烟，大系统其他设备均停止运行，使得出入口通道形成由地面至车站的向下气流，乘客迎着气流方向撤向地面。

4.5 地铁通风空调系统负荷计算

4.5.1 屏蔽门系统负荷计算

采用屏蔽门系统，屏蔽门将隧道分隔在车站站台之外，车站空调负荷受隧道的影响相对较小，车站内公共区散热量已不含列车驱动设备发热量、列车空调设备及机械设备发热量，仅有站内人员散热量、照明及设备散热量、站台内外温差传热量、渗透风带入的热量。其与闭式系统相比，少了列车和隧道活塞风对车站的影响，冷负荷大为减少，系统的复杂程度也随之下降，负荷计算相对简单。

1. 人体热负荷

车站人员分为固定人员（包括车站工作人员、商业服务业人员等）与流动人员（主要为城市轨道交通乘客）。固定人员的数量全天逐时基本保持稳定，发热量计算参考静坐（或站立）售货状态下人体新陈代谢率，平均停留时间按工作时间计算；流动人员的数量全天逐时变化，高峰时段数量较大，发热量计算参考行走（或站立）状态下人体新陈代谢率。

因此人体热负荷的确定，关键在客流量的确定上，这一数据一般源自当地交通规划部门的客流预测报告，计算中尚需考虑车站所处地区的高峰小时客流量。根据资料及一些数据，上车客流在车站停留时间为 4 min，其中乘客从地面进入城市轨道交通站厅停留约 1.5 min，站台候车约 2.5 min。下车客流车站停留时间约需 3 min，这一过程的平均时间与列车行车间隔相关。当上下车乘客在车站滞留的时间确定之后，考虑适当的群集系数，车站的人体散热负荷就确定了。

2. 机电负荷

照明设备、广告灯箱、自动扶梯、垂直电梯、导向牌指示牌以及售（检）票机等的散热量可通过各种用电设施的实际功率很方便地计算得出。

3. 屏蔽门传热负荷

屏蔽门隔离了两个不同的温度环境，站内环境与隧道之间的传热可以按一维稳态导热计算。在确定了车站屏蔽门的面积和材质之后，屏蔽门传热负荷就确定了。

4. 渗透风带入的热量

此部分热量最大，对车站总冷负荷的影响亦最大。此部分分为出入口渗透风和屏蔽门开启时的渗透风，其中以屏蔽门开启时的渗透风最大口根据以往的设计经验，车站出入口的渗透风按 200 W/m^2（断面面积计算），屏蔽门每站按 5 ~ 10 m^3/s 估算其漏风量。

5. 湿负荷

分为人员散湿量、结构壁面散湿量和渗透风带入的散湿量。按照相关资料的经验推算，车站侧墙、顶板、底板散湿量 1 ~ 2 g/（m^2・h）；人员散湿量取 27 ℃时轻劳动时的散湿量 193 g/h。

4.5.2 闭式系统负荷计算

当站厅层未设置屏蔽门时，影响车站空调系统能耗系统的因素较为复杂，除上述已列举的一些参量外，尚需考虑车辆行驶（诸如：发车密度、运行队数、停靠时间、牵引曲线等）的影响，此时列车运行散热带来的负荷，成为站台空调负荷的主要来源。另外，由于未设置屏蔽门，空调负荷计算难以将车站与隧道区别对待。

对于闭式系统空调负荷的计算方法有很多种，但目前只是停留在估算水平上，并且各种计算方法的准确度差异性也较大，以下引自《浅谈地铁环控通风》一文中的一种简单估算法供参考。

1. 列车产热量

列车产热量是城市轨道交通余热的主要构成部分。

设 Q_1 为列车热产量（kW），则

$$Q_1 = 2N_0 n_g n_i (G_i + g_p n_p) L \tag{4-1}$$

式中 L——列车行驶计算区段的长度（km）；

g_p——每人平均体重（t/人）；

n_p——每节车上的计算人数（人/节）；

G_i——每节车重（t/节）；

n_i——每列车的编组（节/列）；

n_g——列车运行密度（每小时计算列车对数）（对/h）；

N_0——列车 1 t・km 电能消耗量[（kWh/（t・km）]。

在计算产热量时，可取最大密度的 70%，此值在一般情况下比平均值大一些，一般按运行吨公里平均耗电量来计算[日本按 0.05~0.07 kWh/（t・h），苏联按 0.052 kWh/（t・km）]。如果列车上有空气调节设备时，除以上的产热量外，尚应附加空调设备产热量。

2. 照明产热量

电力照明产热 Q_2，其计算如下：

$$Q_2 = N_a A + N_l l \tag{4-2}$$

式中 N_a——站厅站台单位面积照明负荷（kW/m^2）；

A——站厅站台面积（m^2）；

N_l——区间隧道每延米照明负荷（kW/m）；

l——区间隧道区段长度（m）。

如果采用荧光灯具时，照明电荷还应包括镇流器消耗的电量。

3. 人员产热量

人员产热量为 Q_3，它包括产站上人员及列车上人员两部分。

$$Q_3 = q_p\left(\sum b + 2n_g n_j n_p\right)\frac{L}{v} \tag{4-3}$$

式中 v——列车行驶速度（km/h）；

L——区间隧道计算区段长度（km）；

$\sum b$——计算区间相邻两个车站上人数总和之半（人）；

q_p——人体产热量（kW/人）。

人体产热量由显热和潜热两部分组成，计算余热时按全热计算。

当列车带空调时，冷凝器产热量代替了列车上人员产热量，一般为列车上人员产热量的 1.5 倍。

4. 动力设备产热量

动力设备产热量为 Q_4，其计算式为：

$$Q_4 = N_w \tag{4-4}$$

式中 N_w——散发热量的动力设备的千瓦数（kW），它包括电机及城市轨道交通系统中的其他动力设备。

Q_4 在决定时还要注意以下几个问题：在通风系统中，只考虑送风设备电机产热量，而排风设备电机产热量不予计入；排水泵散热量由于被水排除，因此也不计入；生产用房及设备用房内的设备产热量，均由局部通风系统考虑，不予计入。

5. 洞壁吸热量

城市轨道交通系统内洞壁的吸热与放热取决于隧道周围地层的温度。当城市轨道交通系统内空气温度比洞壁表面温度高时，其洞壁吸热。当城市轨道交通系统内空气温度比洞壁温度低时，其洞壁放热。这些热量为 Q_5。

$$Q_5 = KF\Delta t \tag{4-5}$$

式中 K——传热系数[kW/（$m^2 \cdot °C$）]；

F——衬砌结构与周围地层的接触面积（m^2）；

Δt——区间隧道平均气温 t_1 与周围底层计算温度 t_2 之差（°C）。

导热系数 K 与许多因素有关，如衬砌材料及厚度、周围地层的性质、地下水的状态等，一般可按下式决定：

$$K=\frac{1}{\dfrac{1}{\alpha}+\dfrac{l_c}{\lambda_c}+\dfrac{l_e}{\lambda_e}} \tag{4-6}$$

式中 α——壁面空气至隧道衬砌表面的对流换热系数[（kW/（m^2·°C）]；

λ_c，λ_e——衬砌和周围地层的导热系数，其值与材料性质有关[（kW/（m^2·°C）]；

l_c——混凝土衬砌的平均厚度（m）；

l_e——周围温度变化部分介质的厚度（m）。

l_e是从衬砌外表到土中温度不再变化的距离。因城市轨道交通是地下建筑物，所以周围地层的温度没有剧烈的变化，运营初期区间隧道内放出的热量传至地层中，而在地层中就产生热量消散的现象。经过一定时间之后，在距隧道内表面的地层若干距离处，温度就固定不变了。而这个距离与地下水、土质情况有关，一般在近似计算中按 0.5 m 左右考虑。周围地层的计算温度，按地层年平均温度计算，对于含水地层一般都采用地下水温度。

以上所述为城市轨道交通内的各种产热量及壁面的吸放热，因此城市轨道交通系统内的余热 Q 为：

$$Q=Q_1+Q_2+Q_3+Q_4-Q_5 \tag{4-7}$$

由于城市轨道交通系统内不同位置的热源热量各不相同，而且随着运营年段的不同，即使是同一位置处的发热量也随之改变。因此，详细的计算需要编制计算机程序进行模拟计算。

习 题

4.1 城市轨道交通线路的环控系统必须要满足什么要求？

4.2 城市轨道交通通风空调系统有哪些制式系统，每一种制式系统有什么优缺点？

4.3 地铁车站通风空调大系统包括哪些部分？

4.4 什么是全新风空调、通风运行？

4.5 试说明城市轨道交通区间隧道通风系统运行原理。

第 5 章　其他地下空间运营通风

【本章重难点内容】

（1）地下商场的空气环境标准及空调通风系统。

（2）地下停车场的污染物成分、空气标准及通风方式。

（3）矿井内空气成分、空气浓度标准及矿井掘进通风方式。

（4）人防工程的空气环境标准、平时通风方式及战时通风方式。

5.1　地下商场运营通风

近年来，城市的经济发展导致地价上涨以及地面用地紧张，地上商场的建设成本较大，因此地下商场的建设开始兴起。一个良好的空气环境是保证地下商场发挥效益的前提条件之一，因此地下商场的通风设计是相当重要的。

5.1.1　地下商场设计参数的选定

1. 温湿度标准

温度和湿度都是地下空间空气环境的重要指标，表 5-1 列出了关于国内外规范标准规定的温湿度参数：

表 5-1　温湿度参数

标准名称	夏　季		冬　季	
	t_w/°C	j_w/%	t_d/°C	j_d/%
人民防空工程设计规范（GB 50225—2005）	≤30	≤70	≥16	≥30
人民防空地下室设计规范（GB 50038—2005）	≤28	≤75	≥16	≥30
商店建筑设计规范（JGJ 48—2014）	26~28（人工冷源） 28~30（天然冷源）	55~65（人工冷源） 60~65（天然冷源）	16~18	30~35
日本地下街	24~26	50~60	18~22	50

2. 最小新风量标准

地下商场空调的最小新风量标准见表 5-2。

表 5-2　最小新风量标准

标准名称	最小新风量/[m^3/p · h]	CO_2 浓度/%
人民防空工程设计规范（GB 50225—2005）	15	
人民防空地下室设计规范（GB 50038—2005）	≥15	
商店建筑设计规范（JGJ 48—2014）	8.5	0.2
日本地下街	30 m^3/（m^2 · h）（只通风，无空调） 10 m^3/（m^2 · h）（有空调）	

表 5-2 中的最小新风量标准悬殊很大，有些为了节能，标准较低；有些为了满足 CO_2 浓度标准，而提高了新风量标准。改善地下商场的空气卫生环境有两条有效途径：一是保证足够的新风量以控制 CO_2 浓度，进而改善空气洁净度；二是增设空气过滤器以降低空气中的含尘量和浮菌数。

5.1.2　地下商场空调系统

为保证地下商场内空气新鲜，温湿度合适，以为顾客提供良好的购物环境，大多数地下商场都设有空调系统。

1. 地下商场的热湿负荷特点

地下商场空调负荷由人体负荷、照明负荷、新风负荷、建筑负荷、设备负荷组成。其中占比例最大者一般为人体、照明和新风三项负荷。因此，要对地下商场的空气质量进行有效调节，就必须对空调通风设备的工作强度进行把握，这取决于地下商场的空间大小以及人员密度。由公共建筑节能标准可知，一般商店的人均占有使用面积 3 m^2/人，高档商店 4 m^2/人。对于具体地下商场，由于经营商品、城市地段、购买力等因素不同，人员密度的差别很大。因此，人员密度的确定应在拟建工程可行性研究中，根据充分的调查统计资料和发展趋势，科学地分析计算求得。

人员密度可按式（5-1）计算求得：

$$m = \frac{A \times W \times t}{T \times F} \tag{5-1}$$

式中　m——营业厅人员密度（人/m^2）；

A——系数 0.5~0.7；

W——峰值客流量（人/日），按当地相同规模商场实测值推算求得；

t——顾客在商场逗留时间（h），大型商场 0.6~0.9 h，小型商场 0.4~0.7 h；

T——日营业时间（h）；

F——营业厅面积（m^2）。

人员密度是湿热负荷、产尘、产菌、异味发生量的主要根据，关系到空调系统的规模和设备容量的大小。因此，这个参数的确定应该认真、准确。

地下商场的空调负荷特点是热湿比较小，一般在 4 000 kJ/kg（995 cal/kg）左右。又有热湿比较小，空气处理一般采用减湿冷却后再进行二次加热。

2. 空调方式

集中式全空气定风量空调方式是地下商场通风空调设计中采用最多的方案。通常采用一次回风式系统，设计方案见图 5-1。

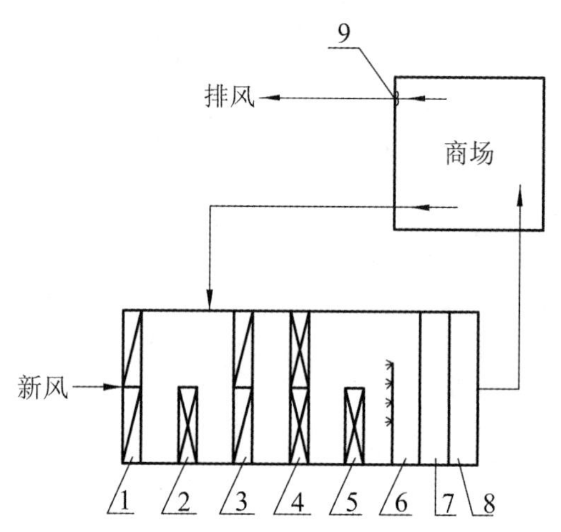

（1—粗过滤器；2 一次加热器；3—中效过滤器；4—表面冷却器；5—二次加热器；6—加湿器；7—送风机；8—送风消音；9—排风排烟机）

图 5-1　一次回风式系统原理图

由图 5-1 可知，夏季与冬季空气处理工况分别为：

夏季工况：室外新风经粗过滤与回风混合再经中效、过滤、表冷器、二次加热后，沿热湿比线由送风机经消声、管道、风口将处理空气送入商场内，消除内部余热余湿，达到设计标准。

冬季工况：室外新风经粗过滤。预热和回风混合再经过中效过滤、二次加热、加湿后，沿热湿比线由送风机经消声、管道、风口将处理空气送入商场内，达到设计标准。

由于一次回风式系统设计方案具有空调机房集中设置，能对空气进行各种工况处理；运转维修容易，振动噪声易于控制；送风量大，换气充分，设置排风机，能进行过滤季全新风供冷等优点，所以在地下商场空调设计中被广泛采用。

5.1.3　地下商场通风系统

由于商场的使用性质，需要大量新风，而地下商场的出入口仅为疏散楼梯间，靠自然排风显然会使室内压力过高，需增设排风系统。平时使用的排风系统与火灾时期使用的排烟系统可共用一套系统。为保证火灾时期能够有效排烟，还应设置送风系统。

地下商场一般层高较低（净高 3.0~3.2），气流组织宜采用上侧和顶送、上排的方式。由于上侧送风时送风口往往被货架遮挡，因此顶送最佳。一般采用平送型散流器，如果吊顶较高时，则应采用下送型散流器或百叶风口。排风口布置在通道或靠近侧墙（货架）顶部。

5.1.4　地下商场排烟系统

地下商场的排烟系统设置用于控制火灾时期的烟气扩散。地下商场利用自然排烟效果较差，一般需要采用机械排烟。机械排烟系统宜单独设置或与平时使用的排风系统合并设置。当合并设置时，应采取在火灾发生时能将排风系统自动转换为排烟系统的措施。

5.2　地下停车场运营通风

近年来，随着城市现代化建设的不断发展，城市中的汽车保有量迅速增长，汽车存放与城市用地日益矛盾，地下停车场的建设随之兴起。地下停车场的通风是保证停车场正常运营的重要前提条件之一。

5.2.1　地下停车场的污染物及其危害

地下停车场内汽车排放的污染物主要有一氧化碳（CO）、碳氢化合物（HC）、氮氧化合物（NO_x）、微粒物（PM）等有害物。

1. 一氧化碳（CO）

一氧化碳是发动机油气比失调产生的，汽车尾气中一氧化碳的含量不至于导致人死亡，但其占用氧位，能使血液的输氧降低，形成缺氧，引起头晕、恶心、头痛等症状，使中枢神经系统受损，慢性中毒。

2. 碳氢化合物（HC）

碳氢化合物包括未燃和未完全燃烧的燃油、润滑油和部分氧化物等，含有甲烷、甲醛、丙烯醛等醛类气体。单独的碳氢化合物一般情况下对人作用不是很明显，但它是产生光化学烟雾的重要部分。当浓度较高，就会对眼、呼吸道和皮肤有强烈的刺激作用，甚至引起头晕、恶心、红血球减少、贫血等。

3. 氮氧化物（NO_x）

氮氧化物是发动机产生的一种褐色的有刺鼻气味的气体。氮氧化物进入人体肺泡后形成亚硝酸盐和硝酸，对肺组织产生剧烈的刺激作用，亚硝酸盐能与人体内血红蛋白结合，形成变性血红蛋白，可在一定程度上造成人体缺氧。

4. 微粒（PM）

微粒对人体健康的危害程度和微粒的大小及组成有关。微粒越小，悬浮在空气中的时间越长，它们进入人体肺部后停滞在肺部及支气管中的比例越大，危害越大。微粒除了对人体的呼吸系统有害外，由于微粒存在孔隙能黏附 SO_2、未燃 HC、NO_2 等有害物质，因而对人体的健康造成更大危害。

5. 光化学烟雾

氮氧化物受阳光中紫外线照射后发生光化学反应，会形成有毒的光化学烟雾，呈浅蓝色，是一种强烈刺激性有毒气体的二次污染。当光化学烟雾中的光化学剂超过一定浓度时，具有明显的刺激性，它能刺激眼结膜，引起流泪并导致红眼病，同时对鼻、咽等器官均有刺激性，能引起急性喘息症，可以使人呼吸困难，眼红喉痛，头脑昏沉，造成中毒。

5.2.2 地下停车场的空气质量标准

根据《室内空气质量标准》（GB/T18883—2002），地下停车场的空气质量标准见表5-3。

表 5-3 空气质量标准

污染物	一氧化碳（CO）/（mg/m^3）	碳氢化合物（HC）/（mg/m^3）	氮氧化合物（NO_x）/（mg/m^3）	微粒物（PM）/（mg/m^3）
参数	10 1 h 均值	0.61 1 h 均值	0.24 1 h 均值	0.15 日平均值

汽车在地下停车场内的启动、加速过程均为怠速运转，在怠速状态下，CO、HC、NO_x三种有害物散发量的比例大约为 7∶1.5∶0.2。由此可见，CO 是主要有害物，只要提供充足的新鲜空气将 CO 浓度稀释到标准范围以下，HC、NO_x均能满足标准要求。

5.2.3 地下停车场的通风方式

地下停车场的通风方式分别有自然通风方式和机械通风方式。

1. 自然通风

由于地下停车场通风系统启动运行噪声较高，运行中又耗费大量电能，产生费用，因此机械通风系统的使用频率并不高。在设计机械通风系统时，应尽量多考虑自然通风措施，达到既节能又环保的目的。自然通风措施主要有利用热压作用下的自然通风和风压作用下的自然通风。

1）热压作用下的自然通风

可设置自然通风竖井，当地下停车场上建有建筑物时，可考虑建筑附属风道竖井。与地下车库相连通，并开设洞口和装设电保温阀，控制开启风阀。室外空气从停车场门缝，通风井、采光井等进入地下车库通风竖井的洞口，并沿附属风道竖井向上流动，最后排出室外。这就是热压作用下的自然通风，通风强度与建筑高度和内外温差有关。

2）风压作用下的自然通风

建筑在风压作用下，在具有正值风压的一侧进风，而在负压的一侧排风，这就是风压作用下的自然通风。通风强度与正压侧和负压侧的开口面积，风力大小有关。因此，在地下车库的设计上，在土建结构上，应尽量多设计一些通风采光井，增加风压作用下的自然通风排量。

2. 机械通风

近年来，无风道诱导型通风系统在我国大部分城市的地下停车场、体育场等建筑中大量使用。无风道诱导型通风系统由送风风机和排风风机组成。其原理是由诱导风机喷嘴射出定向高速气流，诱导及搅拌周围大量空气流动，在无风管的条件下，带动车库内空气沿着预先设计的空气流程流至目标方向，即从送风机到排风机定向空气流动，达到通风换气的目的。因此，无风道诱导型通风系统能有效控制气流的方向，使建筑物内部的空气处于完全流动的状态，无气流停滞死角，将有害物充分稀释后由排风机排出室外，可以实现建筑内部全面通风换气，并可灵活地控制射流风机的启停，来达到节能的效果。

5.2.4 地下停车场的气流组织

关于地下停车场的气流组织，理论上下部排出 2/3 风量，上部排出 1/3 风量，排风口要均匀，尽可能靠近汽车尾部，应使在任何地方的烟雾都不能聚集不散。排风系统的总排风口应位于建筑物的最高处或远离主体的裙房顶部，以免形成二次污染，而送风系统的送风口宜设在主要通道上，送风速度不宜太大，防止送风与排风短路。

5.3 矿井运营通风

矿井通风是矿井生产环节中最基本的一环，它在矿井建设和生产期间始终占有非常重要的地位。矿井通风的作用有：① 供给井下足够的新鲜空气，满足人员对氧气的需要；② 稀释并排除井下有毒有害气体和粉尘，保证安全生产；③ 调节井下气候，创造良好的工作环境；④ 提高矿井的抗灾能力。

5.3.1 矿井内的空气成分及性质

矿井内的主要空气成分：

1. 氧气（O_2）

氧气是一种无色、无味、无臭的气体，它对空气的比重是 1.11，其化学性质很活泼，可以和所有的气体相化合，氧能助燃，氧是人和动物新陈代谢不可缺少的物质，没有氧气人就不能生存。

2. 一氧化碳（CO）

一氧化碳是一种无色、无味、无臭的气体，它对空气的比重为 0.97，微溶于水。在一般温度与压力下，一氧化碳的化学性质不活泼，但浓度达到 13%~75%时遇火能引起爆炸。一氧化碳之所以毒性很强是因为它对人体内血红球所含的血色素的亲和力比氧大 250~300 倍。因此，一氧化碳吸入人体后就阻碍了氧和血色素的正常结合，使人体各部分组织和细胞缺氧，引起窒息和中毒死亡。

矿井内的来源：爆破时产生的炮烟；柴油机的尾气；煤层自燃、页岩气等。

3. 硫化氢（H_2S）

硫化氢气体是一种无色微甜，有臭鸡蛋气味的气体，它对空气的比重为 1.19，易溶于水，能燃烧，当浓度达 4.3%~46%时还具有爆炸性。有很强的毒性，能使血液中毒，对眼睛粘膜及呼吸道有强烈的刺激作用。

矿井内来源：坑木析腐烂；含硫矿物（如：黄铁矿、石膏等）遇水分解；从采空区废旧巷道涌出或煤围岩中放出；爆破时产生的炮烟。

4. 二氧化硫（SO_2）

二氧化硫是一种无色具有强烈硫黄燃烧味的气体，它对空气的比重为 2.2，易溶于水。常存在于巷道底部，它对眼睛和呼吸器官有强烈刺激作用。当空气中含二氧化硫浓度为 0.0005%时，嗅觉器官能闻到刺激性气味；当其浓度为 0.002%时，有强烈刺激性气味，可引起头疼和喉痛；当其浓度为 0.05%时，能引起急性支气管炎和肺水肿，短时间内即死亡。

矿井内来源：含硫矿物的自燃或缓慢氧化；从煤围岩中放出；在硫矿物中爆破生成。

5. 二氧化氮（NO_2）

二氧化氮为红褐色气体，它对空气的比重为 1.57，极易溶于水，对眼睛鼻腔、呼吸道及肺部有强烈的刺激作用，二氧化氮与水结合生成硝酸，因此对肺部组织起腐蚀破坏作用，可以引起肺部浮肿。

矿井内来源：主要是放炮产生。

6. 氢气（H_2）

氢气无色、无味、无毒，相对密度为 0.07。氢气能燃烧，其点燃温度比甲烷低 100~200 ℃，当空气中氢气浓度为 4%~74%时有爆炸危险。

矿井内来源：井下蓄电池充电时放出氢气；有些中等变质的煤层中也有氢气涌出。

7. 氨气（NH_3）

氨气是一种无色、有浓烈臭味的气体，相对密度为 0.596，易溶于水，空气中浓度达到 30%时有爆炸危险。氨气对皮肤和呼吸道黏膜有刺激作用，可引起喉头水肿。

矿井内来源：爆破工作；煤岩层中涌出、用水灭火等。

5.3.2 矿井内的空气浓度规定

《金属非金属矿山安全规程》（GB16423—2006）对矿井内空气有以下规定：

（1）井下采掘工作面进风流中的空气成分（按体积计算），氧气应不低于 20%，二氧化碳应不高于 0.5%。

（2）入风井巷和采掘工作面的风源含尘量，应不超过 0.5 mg/m^3。

（3）矿井内空气中一氧化碳的浓度不得超过 30 mg/m^3。

（4）矿井内空气中二氧化硫的浓度不得超过 15 mg/m^3。

（5）矿井内空气中二氧化氮的浓度不得超过 5 mg/m^3。

《煤矿安全规程》对矿井内有害气体浓度规定见表 5-4。

表 5-4 有害气体浓度规定

有害气体名称	符号	最高允许浓度/%
一氧化碳	CO	0.002 4
二氧化氮	NO_2	0.000 25
二氧化硫	SO_2	0.000 5
硫化氢	H_2S	0.000 6
氨气	NH_3	0.004

5.3.3 矿井掘进通风方式

矿井新建、扩建、改建或生产时，都要掘进大量的巷道，在掘进过程中，为了供给人员呼吸新鲜空气，稀释和排出自煤（岩）体涌出的有害气体、爆破产生的炮烟和矿尘，以及创造良好的气候条件，必须对独头掘进工作面进行通风。这种通风称为掘进通风。掘进通风方法主要有局部通风机通风、矿井全风压通风及引射器通风。

1. 局部通风机通风

利用局部扇风机作动力，通过风筒导风的通风方法称局部通风机通风，它是目前局部通风最主要的方法。局部通风机通风常用的方法有压入式、抽出式和混合式。

1）压入式通风

压入式通风就是利用局部通风机将新鲜空气经风筒压入工作面，而泛风则由巷道排出。

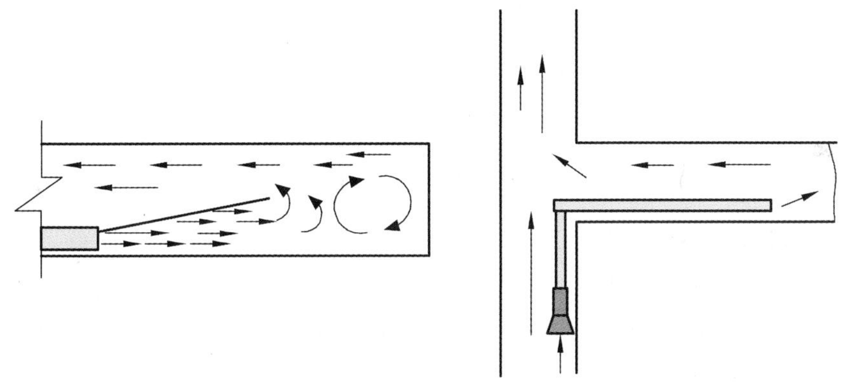

图 5-2　压入式通风示意图

压入式通风局扇安装在新鲜风流中，泛风不经过局扇，因而局扇一旦发生电火花，不易引起瓦斯、煤尘爆炸，故安全性好，可用硬质风筒也可用柔性风筒，适应性较强。其缺点是：工作面泛风沿独头巷道排往回风巷，不利于巷道中作业人员呼吸。放炮后炮烟由巷道排出的速度慢，时间较长，影响掘进速度。

2）抽出式通风

抽出式通风与压入式通风相反，新鲜空气由巷道进入工作面，泛风经风筒由局扇排出。

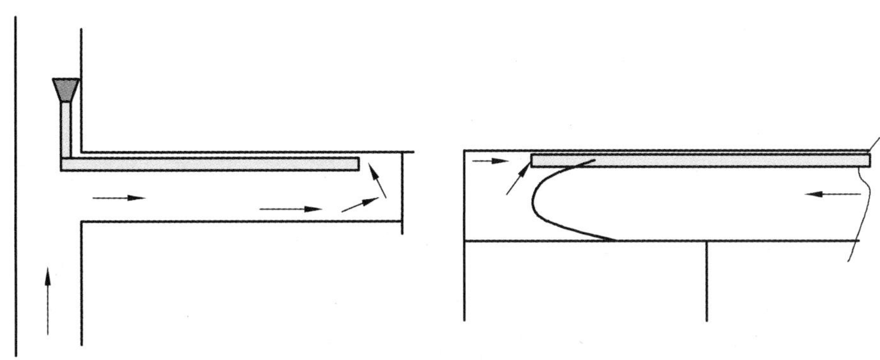

图 5-3　抽出式通风示意图

抽出式通风由于污风经风筒排出，保持巷道为新鲜空气故劳动卫生条件较好，放炮后所需要排烟的速度快，有利于提高掘进速度。但由于风筒末端的有效吸程比较短，放炮时易崩坏风筒，如吸程长则通风效果不好，污风经过局扇安全性差，抽出式通风必须使用硬性风筒，适应性差。

3）混合式通风

混合式通风把上述两通风方式同时混合使用。虽然克服了上述的一些缺点，但由于其设备多，电耗大，管理复杂，未被推广使用。

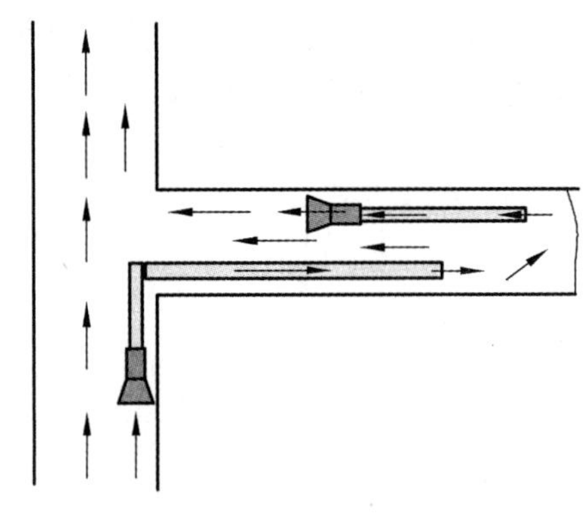

图 5-4　混合式通风示意图

2. 矿井全风压通风

全风压通风是利用矿井主要通风机的风压，借助导风设施把主导风流的新鲜空气引入掘进工作面。其通风量取决于可利用的风压和风路风阻。全风压通风按导风设施不同可分为：

1）风筒导风

在巷道内设置挡风墙截断主导风流，用风筒把新鲜空气引入掘进工作面，污浊空气从独头掘进巷道中排出。

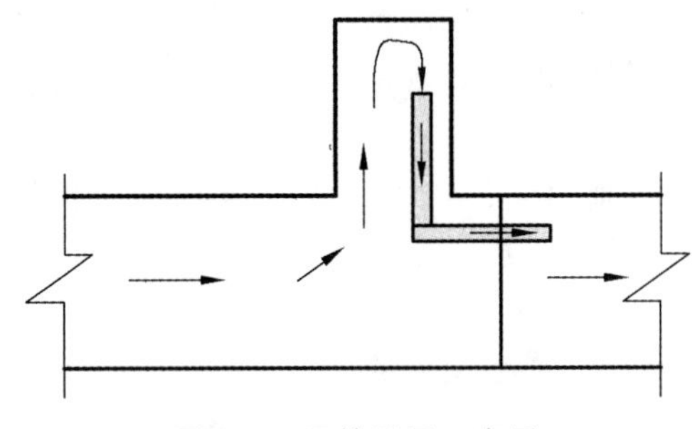

图 5-5　风筒导风示意图

此种方法辅助工程量小，风筒安装、拆卸比较方便，通常用于需风量不大的短巷掘进通风中。

2）平行巷道导风

在掘进主巷的同时，在附近与其平行掘一条配风巷，每隔一定距离在主、配巷间开掘联络巷，形成贯穿风流，当新的联络巷沟通后，旧联络巷即封闭。两条平行巷道的独头部分可用风幛或风筒导风，巷道的其余部分用主巷进风，配巷回风。

3）风障导风

在巷道内设置纵向风障，把风障上游一侧的新风引入掘进工作面，清洗后的污风从风障下游一侧排出。

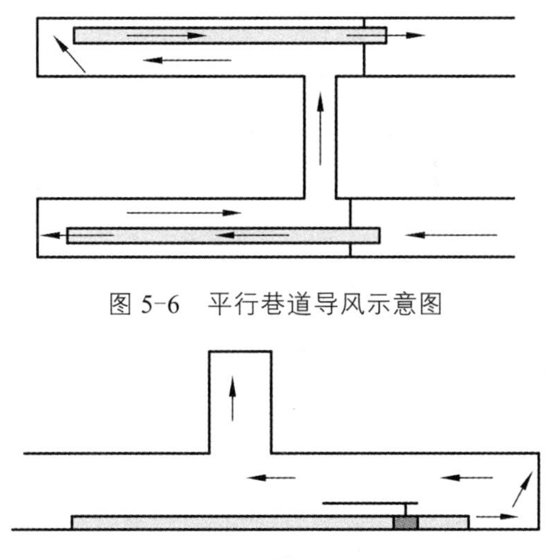

图 5-6　平行巷道导风示意图

图 5-7　风障导风示意图

这种导风方法，构筑和拆除风障的工程量大。适用于短距离或没有其他好方法可用时采用。

4）引射器通风

引射器通风就是利用引射器对掘进巷道（或其他局部作业地点）进行通风的方法。其通风原理是利用压力水或压缩空气经喷嘴高速射出产生射流。周围的空气被卷吸到射流中，在混合管内混合，获得能量后克服风筒阻力，共同向前运动，使风筒内有风流不断流过，达到通风的目的。

此方法的优点是：无电气设备，无噪声；还具有降温、降尘作用；在煤与瓦斯突出严重的煤层掘进时，用它代替局部通风机通风，设备简单，安全性较高。缺点是：风压低、风量小、效率低，并存在巷道积水问题。

5.4　人防工程运营通风

人防工程一般都是密闭的地下空间，很多有害气体容易在里面积聚。在这个密闭空间里，各种各样的建筑或者装饰材料都会散发出一些有害气体。比如说一些塑料或者油漆材料中会散发出甲醛，而一些钢筋混凝土材料中会散发出氡气，空气中会有各种各样的污染物或者细菌，甚至也包括超标的二氧化碳。无论是在战争时期或者是在和平时期，人们长期处在密闭的环境中对身体肯定是不利的。人防工程的通风是保证人防工程内部空间空气质量的前提条件，在人防工程设计中是非常重要的。

5.4.1　人防工程的级别

人防工程的防护类别常为：甲类和乙类人防工程。

人防工程的抗力级别常为：常 5 级、常 5 级和核 5 级、核 6 级、核 6B 级等。

5.4.2 人防工程通风设计参数的取值

根据《人民防空地下室设计规范》（GB50038—2005），防空地下室平时使用的人员新风量，通风时不应小于 30 m³/（p·h），空调时宜符合表 5-5 规定。

表 5-5 平时使用时人员空调新风量[30 m³/（p·h）]

房间功能	空调新风量
旅馆客房、会议室、医院病房、美容美发室、游艺厅、舞厅、办公室	≥30
餐厅、阅览室、图书馆、影剧院、商场（店）	≥20
酒吧、茶座、咖啡厅	≥10

根据《人民防空地下室设计规范》（GB50038—2005），平时使用的防空地下室，其室内空气温度和相对湿度，宜负荷表 5-6 规定。

表 5-6 平时使用时室内空气温度和湿度

工程及房间类别	夏季		冬季	
	温度/°C	相对湿度/%	温度/°C	相对湿度/%
旅馆客房、会议室、办公室、多功能厅、图书阅览室、文娱室、病房、商场、影剧院	≤28	≤75	≥16	≥30
舞厅	≤26	≤70	≥18	≥30
餐厅	≤28	≤80	≥16	≥30

根据《人民防空地下室设计规范》（GB50038—2005），防空地下室内人员的战时新风量应符合表 5-7 规定。

表 5-7 室内人员战时新风量[30 m³/（p·h）]

防空地下室类别	清洁通风	滤毒通风
医疗救护工程	≥12	≥5
防空专业队员掩蔽部、生产空间	≥10	≥5
一等人员掩蔽所、食品站、区域供水站、电站控制室	≥10	≥3
二等人员掩蔽所	≥5	≥2
其他配套工程	≥3	—

5.4.3 人防工程通风

人防工程通风根据通风时机可分为平时通风和战时防护通风。

1. 平时通风

人防工程在和平时期使用或维护管理时的通风称为平时通风。平时通风分为平时正常通风和平时维护通风。

1）平时正常通风

平战结合的工程，平时工程正常使用，各种通风空调设备正常运转，这种通风称为平时正常通风。由于平时功能与战时功能有所不同，所以通风系统的防护设备处于待装或维护状态。临战时要采取平战转换措施。

2）平时维护通风

战时使用、平时不使用的工程，平时每日定时运转各种通风空调设备，完成维护管理性工作，这种通风称为平时维护通风。

2. 战时防护通风

工程在临战或战争状态下的通风称为战时防护通风。战时防护通风方式有三种，分别是清洁式通风、滤毒式通风和隔绝式通风。

1）清洁式通风

清洁式通风指的是在地下室外的自然空气没有被污染的前提下而采取的通风方式，是在使用的过程中进入地下室的空气没有被任何通风口污染，不需要对空气进行处理的过程。此通风方式与平时通风作用一致，都是用于人防工程补充新风。人防工程中除了某些装备掩蔽部利用车道自然通风补风，其余均是利用机械通风补风（送、排风机使用战时送、排风机）。

2）隔绝式通风

隔绝式通风是指工程进、出通道完全关闭，空气在工程内部循环的一种通风方式。隔绝式通风有两种运行方式：一是利用进风系统的回风插板阀和进风机的单通风方式；二是利用送、回风系统的空调通风方式。实施隔绝式通风时，应关闭工程口部的防护门、防护密闭门和密闭门，关闭工程进、排风口部的防爆波活门以及进、排风系统的密闭阀门和自动排气活门。在采用密闭防护时，人员不得进出工程，也不允许想工程给水或向工程外排水。密闭防护时还要检测工程内部的 CO_2 浓度，当 CO_2 浓度超标时，启用氧气再生装置。

3）滤毒式通风

滤毒式通风是针对室外空气受到核、生、化战剂污染，必须通过除尘滤毒设施净化处理。进风流程多了一个过滤吸收器，排风流程不采用排风机，因为要保证人防工程内正压免遭毒剂渗透，可以通过设置在排风口部的超压排气活门和一系列穿墙管道将气流导到排风井。地下工程转入滤毒式通风前，应搞清楚工程外遭受袭击的状况，查明毒剂的性质、种类和浓度。

三种防护通风方式安全的转换顺序是：清洁式通风→隔绝式通风→滤毒式通风（或清洁式通风）。也就是说，当敌人实施核生化武器袭击后，应立即由清洁式通风转入隔绝式通风，待防化分队查清空气污染情况后再决定转入滤毒式通风还是清洁式通风。

习 题

5.1 地下商场改变空气卫生环境有哪些途径？

5.2 简述集中式全空气定风量空调方式的空气处理方式。

5.3 地下停车场的污染物有哪些？分别有什么危害？

5.4 简述地下停车场的自然通风方法。

5.5 简述无风道诱导型通风系统的工作原理。

5.6 矿井内空气的主要成分有哪些？分别具有什么性质？

5.7 矿井掘进通风方式有哪些？分别具有什么优缺点？

5.8 人防工程的战时通风方式有哪些？分别具有什么特点？

第 6 章　公路隧道防灾救援

【本章重难点内容】

（1）公路隧道火灾特性，包括火灾时隧道区域划分、火灾阶段划分、温度随时间变化规律、温度横向分布、温度纵向分布。

（2）纵向式通风模式下火灾通风力计算及烟流控制标准。

（3）单座隧道防灾救援预案的制定。

（4）隧道群防灾救援预案的制定。

（5）危险货品分类。

6.1　公路隧道火灾特性

通过单隧道火灾实验研究了以下问题：火灾时隧道区域划分、火灾阶段划分、温度随时间变化规律、温度横向分布、温度纵向分布。

1. 火灾时隧道区域划分

根据火灾时烟流的流动状态和烟流对隧道的污染状态，可将隧道火灾时的隧道分为三个区域。

1）火区上游

该区域位于燃烧区域的上风侧。当风速较大时，该区域不受火灾烟流污染，其风流结构和气体组分不受火灾的影响，但由于火灾的动力效应及疏散救援造成的通风系统的改变，火区上游的风流速度、温度、密度和静压等有一定的变化。当控制较好时，该区域是灭火和救护的安全通道。

2）火　区

该区域是有可燃物燃烧的区段和火焰已到达区段的集合。在火区，风流状态受火灾影响很大，一方面火焰占据了一部分隧道断面，缩小了过流断面积，从而增加了该段的通风阻力；另一方面，由于火灾温度升高，气体膨胀，也使该段阻力变化显著；但是，由于气体体积膨胀，体积流量将会增加。由于火区可燃物燃烧，因此，气体组分将会发生很大变化，同时，温度也会极大地升高。

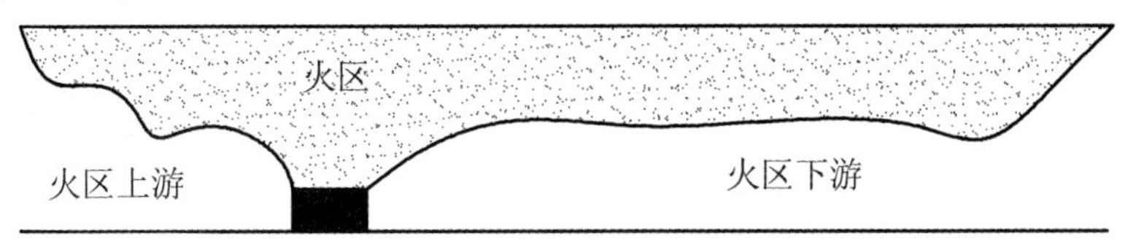

图 6-1　火灾时隧道区域划分

3）火区下游

该区域位于火区下风侧的所有被烟流污染的区域。其风流状态与火灾前发生显著的变化，烟流温度升高，密度下降，有毒有害气体浓度升高，隧道段阻力系数发生变化。在烟流流动过程中，其温度、密度、速度、气体组分和浓度等不断发生变化。

2. 火灾阶段划分

根据火区火灾烟流温度随时间的变化特点，隧道火灾过程可分为三个阶段。

1）火灾发展阶段

在该阶段，供氧充足，一般为富氧燃烧，火势不断增大，烟流最高温度不断增高，烟流中的氧气浓度下降，二氧化碳、一氧化碳、氢气、甲烷等有毒有害气体的浓度增大。发展阶段的燃烧状态不稳定，风流流动状态为非稳定状态，所以沿程烟流温度随烟流最高温度的变化规律不明显。

2）火灾稳定阶段

在该阶段，火势基本稳定，烟流最高温度变化很小，如果燃料充分且有供风，火势会一直持续下去。随着与火区距离的增加，烟流温度下降；离火区较近的一段隧道内，随火灾时间的增加，沿程烟流的温度变化梯度增大，离火区较远处的隧道，随火灾时间的增加，沿程烟流的温度变化梯度减小。

3）火灾衰减阶段

在该阶段，火势逐渐减小，烟流的最高温度随时间的增加而下降，烟流中氧气的浓度升高，二氧化碳和一氧化碳的浓度下降。随着与火区距离的增加以及火灾时间的增加，烟流的温度和沿程烟流的温度变化梯度减小。

3. 温度随时间变化规律

隧道内发生火灾时，燃烧从一个点或面开始，随着时间的推延，火焰向周围蔓延，火区延烧成一个区域，随着参与燃烧的可燃物数量逐渐增多，热量急剧增加，火灾烟流的温度也随之升高。

通过火灾实验得到火区在不同风速下的火灾过程曲线。

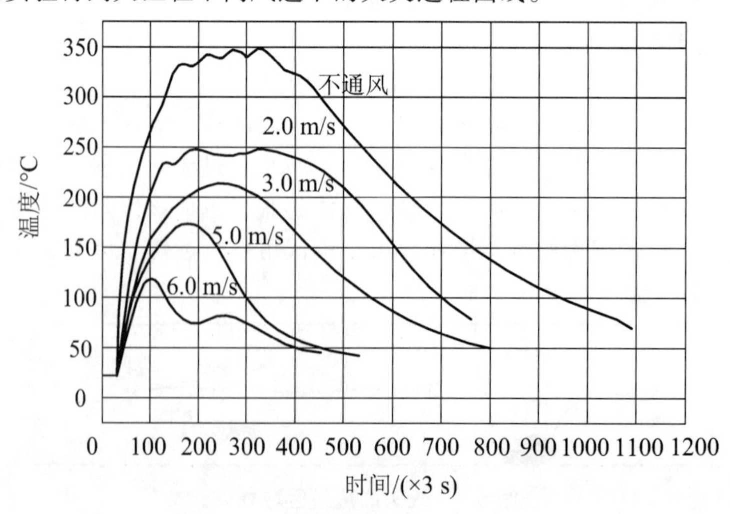

图 6-2　不同风速下火灾的过程曲线

通过比较分析可以发现，发生火灾时，隧道内温度的变化并不是按照标准温度-时间曲线逐渐上升，而是有一个急剧增加的过程。一般，在起火后的 2 ~ 10 min 内，温度即达到最高。其中，温度的最高值与燃烧物种类、数量、燃烧延续时间、燃烧速度以及隧道本身的特征有关。

火灾进入稳定燃烧阶段后，其持续时间随火灾规模、通风风速以及燃料自由表面积的大小而变化。在同等条件下，火灾规模越大，火灾的持续时间越长；燃料的自由表面积越大，燃烧速度越快，则火灾的持续时间越短。同时，在同等条件下，随着通风风速的增大，火灾的持续时间缩短。

4. 温度横向分布

不通风状态下，火灾时，隧道断面上部为高温烟流向两端洞口移动，断面下部则为外界新鲜空气向洞内流入补充，在断面中部为高低温气流进行热传导和对流的紊流层。由于高温烟流较轻而上升，隧道底部有相对较冷的空气补充，因此，其温度的横向分布规律是拱顶最高，拱腰、边墙次之，底部最低。但最高温度并不在拱顶衬砌表面，而是在离拱顶不远的区域内，这是由于紧靠拱顶的区域内，高温烟流与温度较低的衬砌之间存在着热交换，故此区域内的烟流温度要稍低于离拱顶有一定距离的烟流温度。

在机械通风状态下，当通风风速≥2.0 m/s 时，由于火焰被吹倾斜、压低，火区下游附近一段距离内断面底部受火焰的烧烤，温度急剧上升，断面温度横向分布呈底部高，拱顶最低的规律。随着远离火区，由于高温烟气逐渐上升，断面温度的横向分布变为拱顶最高，拱腰、边墙次之，底部最低。同时，随着到火区距离的增加，横断面上温度的分布渐趋均匀。

5. 温度纵向分布

在机械通风动力、自然风压以及火风压的共同作用下，高温烟流向火区下风侧方向流动，随着时间的推移，其影响的区域逐渐扩大。同时，由于烟流温度高于沿途隧道衬砌温度，所以，在扩散过程中，烟流不断地与周围衬砌等物体进行热交换，烟流失去热量，温度逐渐下降，隧道衬砌得到热量，温度不断升高。

通过火灾试验得到通风风速、火灾规模与隧道内温度场纵向分布的关系图。

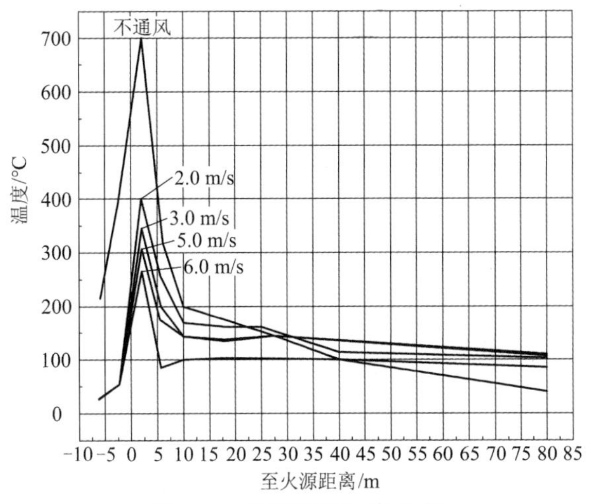

图 6-3　拱顶纵向温度分布

结合火灾试验和理论分析可知，由于燃烧引起的冷热空气对流和隧道壁面对于流经其的高温烟流的冷却作用，使得高温烟流的热量被空气及非燃烧物质（主要是隧道壁面）所吸收而使其温度沿程下降。因此，温度场在隧道纵断面方向的分布规律是：随着到火源点距离的增加，温度降低，且温降梯度逐渐减小。

6.2 公路隧道火灾通风力计算及烟流控制标准

目前，公路隧道一般采用纵向式通风，对于特长隧道可采用分段送排风纵向式。本节主要讨论纵向式通风模式下火灾通风力计算及烟流控制标准。

6.2.1 通风力计算

公路隧道各种工况的通风力组成见表 6-1。

表 6-1 各种工况下的通风力

序号	通风力	正常运营通风	维护通风	火灾通风
1	节流效应烟流阻力			√
2	火风压			√
3	阻塞区段阻力			√
4	烟流沿程阻力	√	√	√
5	一般沿程阻力	√	√	√
6	局部阻力	√	√	√
7	射流风机升压力	√	√	√
8	轴流风机升压力	√	√	√
9	汽车交通风力	√		√
10	自然通风力	√	√	√
11	移动风机升压力		√	√

1. 节流效应烟流阻力

当忽略火灾烟流摩尔质量的变化，节流效应烟流阻力可按式（6-1）计算：

$$H_{\mathrm{j}}=\frac{1}{2}\rho_{1}\left[v_{1}^{2}\left(\frac{1}{M_{\mathrm{k}}}-1\right)+gh_{\mathrm{m}}\cos\beta(1-M_{\mathrm{k}})\right] \tag{6-1}$$

式中 ρ_1——火灾前风流的密度（kg/m^3）；

v_1——火灾前风流的速度（m/s）；

M_{k}——火灾燃烧生成物的相对变化量；

h_{m}——隧道的高度（m）；

β——隧道的坡度。

2. 火风压

假定烟气流经隧道后，各点的气压值不变，此时，火风压可按式（6-2）计算：

$$h_{\mathrm{b}}=11.77\Delta Z\frac{\Delta t}{T} \quad (6\text{-}2)$$

式中　ΔZ——高温气体流经隧道的标高差（m）；

Δt——高温气体流经隧道内空气平均温度增量（K）；

T——高温气体流经隧道内火灾后空气的平均绝对温度（K）。

对于长大公路隧道，由于温度沿程变化，因此，在进行火风压的计算时，可以将火灾时的隧道分段，分别计算每一段的火风压值，然后叠加。如式（6-3）所示：

$$h_{\mathrm{b}}=\sum h_{\mathrm{b}i}=\sum 11.77\Delta Z_i\frac{\Delta t_i}{T_i} \quad (6\text{-}3)$$

式中　ΔZ_i——第 i 段隧道的标高差（m）；

Δt_i——第 i 段隧道内空气平均温度增量（K）；

T_i——第 i 段隧道内火灾后空气的平均绝对温度（K）。

发生火灾后，烟流温度增量用式（6-4）估算：

$$\Delta T=\Delta t_0\mathrm{e}^{-\frac{c}{g}x} \quad (6\text{-}4)$$

式中　x——沿烟流方向计算烟流温升点到火源点的距离（m）；

ΔT——沿温流方向计算距火源点距离为 x m 处的气温增量（℃）；

Δt_0——发火前后火源点的气温增量（℃）；

g——发火前后火源点的气温增量（℃）；

c——系数，$c=kU/3\,600\,C_{\mathrm{P}}$；

k——岩石导热系数，$k=2+k'\sqrt{v}$，k' 值为 5~10；

U——相应计算点的巷道周长（m）；

C_{P}——空气的定压比热，取 0.2 kcal/（kg/℃）。

3. 阻塞区段阻力

阻塞区段阻力可按式（6-5）计算：

$$P_{\mathrm{f}}'=(R_{\lambda}'+R_{\zeta}')Q^2=\left(\lambda_{\mathrm{h}}\frac{l_{\mathrm{T}}\rho S'}{8F'^3}+\frac{\rho}{2}\frac{1}{F'^2}\right)Q^2 \quad (6\text{-}5)$$

式中　λ_{h}——环状空间气流的沿程阻力系数；

l_{T}——阻塞区段长度（m）；

ρ——空气密度（$\mathrm{kg/m^3}$）；

ζ'——阻塞区段局部阻力系数；

S'——阻塞区段断面湿周（m）；

F'——阻塞区段断面面积（$\mathrm{m^2}$）。

4. 烟流沿程阻力

烟流沿程阻力可按式（6-6）计算：

$$h_{\mathrm{f}}=\sum\frac{R_{\mathrm{a}}S^2\rho v^2}{\rho_{\mathrm{a}}}L \quad (6\text{-}6)$$

式中　S——隧道断面面积（m^2）；

ρ——空气密度（kg/m^3）；

v——烟流速度（m/s）；

ρ_a——火灾前风流的密度（kg/m^3）；

L——隧道长度（m）；

R_a——火灾前单位长度隧道的风阻（Ns^2/m^8）。

火灾前单位长度隧道的风阻 R_a 可按式（6-7）计算：

$$R_a = \frac{\lambda \rho_a U}{8S^3} \tag{6-7}$$

式中　λ——隧道摩擦系数；

U——隧道断面周长（m）。

对于长大公路隧道，由于烟流沿程变化，因此，在进行烟流阻力计算时，可以将火灾时的隧道分段，分别计算每一段的烟流阻力值，然后叠加。如式（6-8）所示；

$$h_f = \sum h_{fi} = \sum \frac{R_{ai} S_i^2 \rho_i v_i^2}{\rho_{ai}} L_i \tag{6-8}$$

式中　S_i——第 i 隧道段内隧道断面面积（m^2）；

ρ_i——第 i 隧道段内空气密度（kg/m^3）；

v_i——第 i 隧道段内烟流速度（m/s）；

ρ_{ai}——第 i 隧道段火灾前风流的密度（kg/m^3）；

L_i——第 i 隧道段长度（m）；

R_{ai}——第 i 隧道段火灾前单位长度隧道的风阻（Ns^2/m^8）。

5. 一般沿程阻力

通风气流以速度 u_r 在隧道及井筒中流动时，由于壁面摩擦而引起的阻力（简称为摩擦阻力）可按式（6-9）计算：

$$\Delta P_\lambda = \lambda \frac{L}{D} \frac{1}{2} \rho u_r^2 \tag{6-9}$$

式中　λ——隧道摩擦系数；

ρ——隧道内空气密度（kg/m^3）；

u_r——隧道内气流速度（m/s）；

L——隧道长度（m）；

D——隧道净空断面当量直径（m）。

6. 局部阻力

风流流经突然扩大或突然缩小、转弯、交叉、汇合等状况，风速的大小和方向均会改变，所引起的压力损失，称为局部阻力，可按式（6-10）计算：

$$\Delta P_\zeta = \zeta \frac{1}{2} \rho v^2 \tag{6-10}$$

式中　ζ——局部阻力系数；

ρ——隧道内空气密度（kg/m^3）；

v——隧道内气流速度（m/s）。

7. 射流风机升压力

每台射流风机升压力按式（6-11）计算：

$$P_j = \rho v_j^2 \frac{A_j}{A_r}\left(1-\frac{v_r}{v_j}\right)\eta \tag{6-11}$$

式中 P_j——单台射流风机的升压力（N/m^2）；

v_j——射流风机吹出风的风速（m/s）；

v_r——隧道内设计风速（m/s）；

A_j——射流风机风口面积（m^2）；

A_r——隧道净空断面面积（m^2）；

η——射流风机位置摩阻损失折减系数，取 1.1。

设有 n_j 台射流风机，则射流风机的总升压力为：

$$\Delta P_j = n_j P_j \tag{6-12}$$

8. 轴流风机升压力

轴流风机升压力可按式（6-13）计算：

$$P_z = aq^2 + bq + c \tag{6-13}$$

式中 P_z——轴流风机的升压力（N/m^2）；

q——轴流风机风量（m^3/s）；

a，b，c——风机特性曲线参数，可通过拉格朗日二次插值法或最小二乘法求解。

9. 汽车交通风力

隧道通风计算必须针对具体工程的通风系统分析交通通风力[53]。在交通阻塞或双向交通情况下，交通通风力宜作为阻力考虑；在单向交通正常营运情况下，交通通风力一般作为动力考虑，但当车速小于设计风速时，交通通风力应作为阻力考虑。

单洞双向交通隧道交通风产生的风压 ΔP_t 可按式（6-14）计算：

$$\Delta P_t = \frac{A_m}{A_r}\frac{\rho}{2}n_+(v_{t(+)} - v_r)^2 - \frac{A_m}{A_r}\frac{\rho}{2}n_-(v_{t(-)} - v_r)^2 \tag{6-14}$$

式中 A_m——汽车等效阻抗面积（m^2）；

n_+——隧道内与 v_r 同向的车辆数（辆），$n_+ = \dfrac{N_+ L}{3\,600 v_{t(+)}}$；

n_-——隧道内与 v_r 反向的车辆数（辆），$n_- = \dfrac{N_- L}{3\,600 v_{t(-)}}$；

N_+——隧道内与 v_r 同向的设计高峰小时交通量（veh/h）；

N_-——隧道内与 v_r 反向的设计高峰小时交通量（veh/h）；

v_r——隧道设计风速（m/s），$v_r = \dfrac{Q_r}{A}$；

Q_r——隧道设计风量（m^3/s）；

$v_{t(+)}$——与 v_r 同向的各工况车速（m/s）；

$v_{t(-)}$——与 v_r 反向的各工况车速（m/s）。

单向交通隧道交通风产生的风压 ΔP_t 可按式（6-15）计算：

$$\Delta P_t = \frac{A_m}{A_r}\frac{\rho}{2}n_C(v_t - v_r)^2 \tag{6-15}$$

式中　n_C——隧道内车辆数（量），$n_C = \frac{NL}{3\,600 v_t}$；

v_t——各工况车速（m/s）。

10. 自然风力

当自然风产生的风压与交通风方向一致时产生推力，相反时产生阻力，其值可按式（6-16）计算：

$$\Delta P_m = \left(\zeta_e + \zeta_0 + \lambda\frac{L}{D_r}\right)\frac{\rho}{2}\zeta v_n^2 \tag{6-16}$$

式中　ζ_e——隧道入口局部阻力系数；

ζ_0——隧道出口局部阻力系数；

λ——与隧道衬砌表面相对糙度有关的摩擦阻力系数；

L——隧道长度（m）；

D_r——隧道净空断面当量直径（m），$D_r = \frac{4A_r}{C_r}$；

A_r——隧道净空断面面积（m^2）；

C_r——隧道断面周长（m）；

v_n——隧道内自然风风速（m/s）。

6.2.2　烟流控制标准

总的来说，在发生火灾的情况下从安全的角度考虑，在设计中应采取如下原则：控制烟流蔓延，尽可能使人们在无烟状态疏散。在任何情况下，人们必须能够在合理短的时间内以及合理短的距离到达安全的地方，为此，应提供诸如应急出口或耐火屏障等设施。通风系统必须能够保证逃生路线和待援点无烟流污染。通风系统必须能够为消防创造良好的条件。在发生汽油燃烧的情况下，必须避免由于不完全燃烧所造成的间接爆炸；因此，通风系统必须能够提供充足的空气，使其充分燃烧，或者稀释爆炸性气体。为了最小化发生燃料汽化情况的火场面积，应该提供适当的排水系统。

公路隧道的火灾主要有三种场景，分别是单隧道火灾场景、双隧道火灾场景、单隧道和通风井联合火灾场景。对于不同的火灾场景，其对应的救援方式也不同，因此，通风烟流控制标准也不同。

1. 单隧道火灾场景通风烟流控制标准

隧道内发生火灾时，会产生大量的高温烟气，在通风风速较高的条件下，高温烟气会在很短的时间内（20～30 s）充满整个隧道断面，使隧道内的能见度降到 1 m 左右。一般而言，对于单隧道，一旦内部发生火灾，清除烟气的唯一切实可行的方法就是沿隧道纵向将烟气从隧道出口排出，此时，隧道需要进行纵向通风，当通风风速较大时，将会造成涡流，破坏烟流的分层结构。通风速度越高，此现象越明显。因此，火灾时需要将隧道内通风风速控制在一个合理的范围内。

当隧道内通风风速过小，而火灾规模较大时，在火灾过程中会出现烟流与风流分层流动的现象。在火区附近，烟流沿着顶板，逆着风流流动一段距离，这种现象被称为烟流逆流（图 6-4）。当隧道内通风风速过大，一方面将使火灾向下游扩散速度加快，另一方面浮力作用所产生的升力将无法带动烟气向上流动，在火灾下游，烟流处于紊流状态，烟气出现底层化现象，即烟流主要在隧道下部流动（图 6-5）。

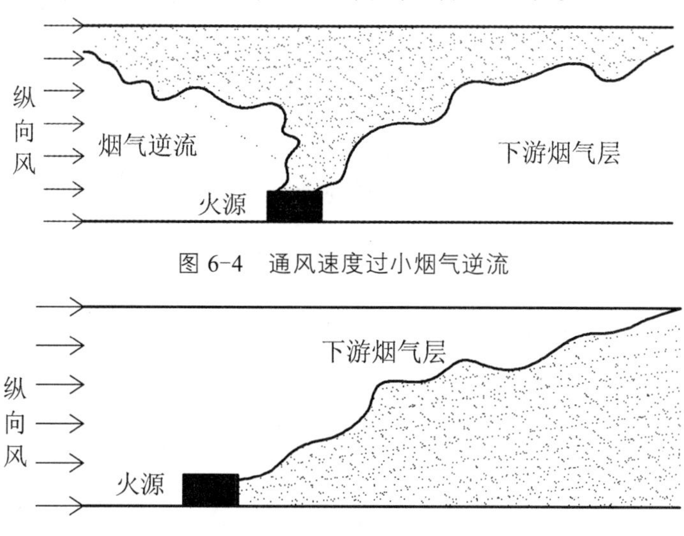

图 6-4　通风速度过小烟气逆流

图 6-5　通风速度过大烟气底层化

通过以上分析可知，存在一个临界风速，在该风速条件下，隧道内将不会出现烟气逆流，向下游扩散速度也不是很快，同时又不会出现烟气底层化。此时，火灾下游烟气层下方有干净、可供呼吸的空气，给疏散救援带来方便。

根据 PIARC 推荐的公式，临界通风速度可用方程式（6-17）近似表示：

$$v_c = K_1 K_2 \left[\frac{gHQ}{\rho C_p A v_c} + T \right]^{1/3} \tag{6-17}$$

式中　K_1，K_2——常数；

g——重力加速度（m/s^2）；

H——隧道高度（m）；

Q——火场火灾热释放率（MW）；

A——隧道横截面积（m^2）；

C_p——空气比热，0.2 kcal/（kg°C）；

ρ——周围空气密度（kg/m^3）；

T——周围空气温度（°C）。

在考虑诸如火场宽度等参数的情况下，根据三维计算机数值模拟分析，也可以确定临界风速（图 6-6）。

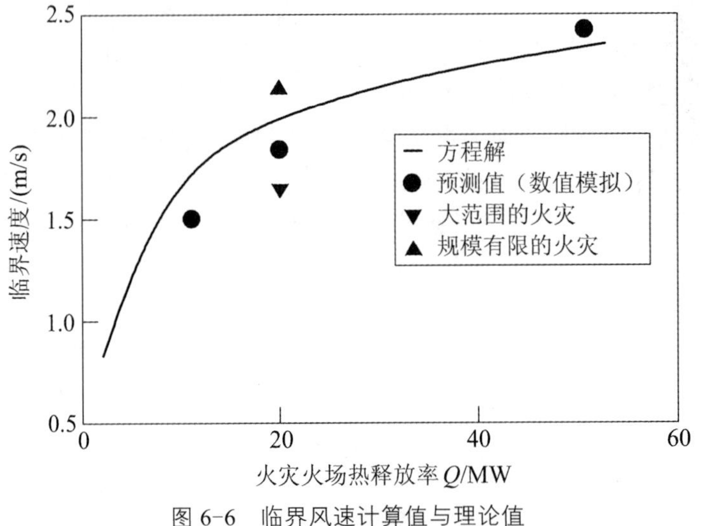

图 6-6　临界风速计算值与理论值

一般条件下，在单隧道火灾中，将隧道内纵向风速控制在 2 ~ 3 m/s，可避免回流现象发生，防止火灾范围扩大。因此，对于单隧道火灾场景的通风烟流控制标准为：风流方向为纵向，由火区上游流向火区下流，风速控制在 2~3 m/s。

2. 双隧道火灾场景通风烟流控制标准

在双隧道条件下，在两隧道之间每间隔一段距离就设置一座横通道，该横通道作为隧道的疏散救援通道，又称联络通道，可分为车行横通道和人行横通道两种。车行横通道主要用于车辆的疏散，间距较大；人行横通道是供行人安全逃生的紧急通道，而消防和救援人员也可利用横通道到达火灾发生点。

当一座隧道在某两个横通道之间发生火灾以后（图 6-7），为了疏散救援，需要开启火灾上游横通道，火灾下游横通道应该处于关闭状态。此时，为了保证疏散救援安全，应该保证：

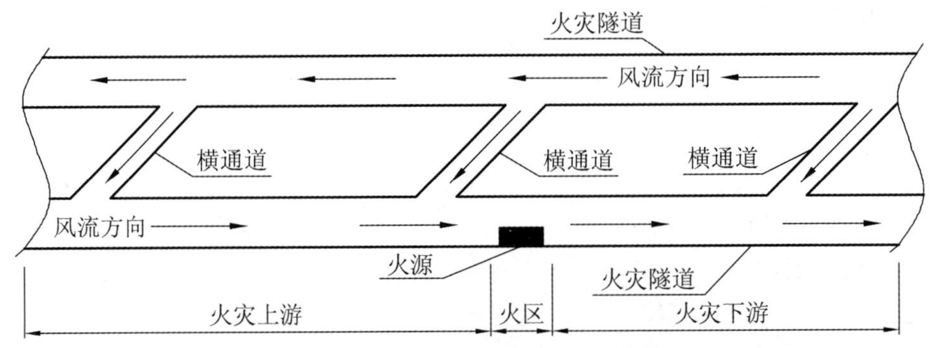

图 6-7　双隧道火灾场景通风烟流控制

（1）烟流不会从火灾隧道通过上游横通道污染非火灾隧道，为了达到这个目的，火灾点附近的上游横通道的风速应该由非火灾隧道流向火灾隧道。

（2）要防止火灾点烟流发生回流。

（3）为了保证人员和车辆的顺利疏散，横通道内的风速应控制在一定范围内。

通过对多种通风组合的试验研究，得到对于有横通道的隧道，当火灾隧道内通风风速为 3 m/s，非火灾隧道内通风风速为 5 m/s，且火灾点上游两个横通道内的风流方向由非火灾发生隧道流向火灾隧道时，火灾隧道内不会发生烟气回流现象，也不会出现高温烟气通过横通道由火灾隧道流向非火灾隧道的情况。因此，对于具有多横通道的双隧道火灾场景的通风烟流控制标准为：火灾隧道内风流方向为纵向，由火区上游流向火区下流，风速控制在 3 m/s；非火灾隧道内风流方向为纵向，与火灾隧道相反，风速控制在 5 m/s；火灾点上游两横通道内风流方向为由非火灾隧道流向火灾隧道。

3. 单隧道和通风井联合火灾场景通风烟流控制标准

在特长隧道的通风中，一般需采用带有通风井的送排式纵向通风方式。在实际情况中，有的隧道竖井高达数百米，烟囱效应十分明显，发生火灾后所产生的火风压对隧道火灾的温度场、烟流的扩散等影响很大，因此，必须对竖井送排式隧道发生在不同位置的火灾情况下的通风烟流控制给出标准。

1）火灾发生在排风区段

当火灾发生在排风段时，应使绝大部分燃烧产生的高温烟流从排风竖井排出隧道，尽量避免高温烟流向竖井间短道蔓延，减小火灾对送风段的影响，抑制烟气回流的发生。

通过模拟实验以及模拟计算得到合理的通风组织方式，如下：

人员疏散完毕以前，送-排风竖井的风速组合为 0 m/s-3 m/s（图 6-8）。

人员疏散完毕以后，送-排风竖井的风速组合为 6 m/s-3 m/s（图 6-9）。

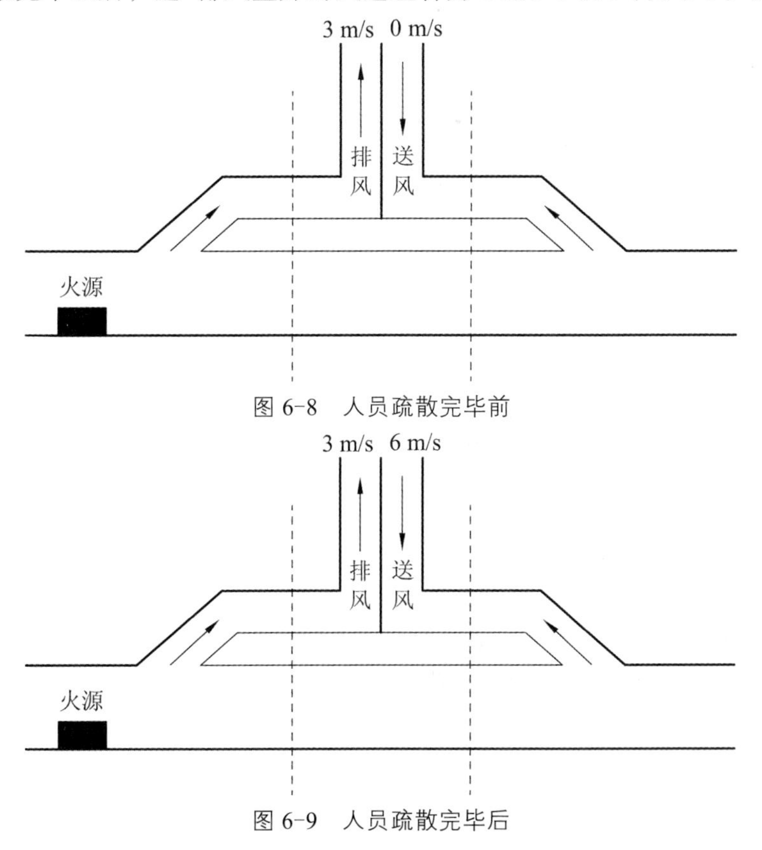

图 6-8　人员疏散完毕前

图 6-9　人员疏散完毕后

2）火灾发生在竖井短道

当火灾发生在竖井间短道内时，应进行合理通风组织，使燃烧产生高温烟流绝大多数从竖井排出，避免高温烟流向排风、送风段蔓延，减小高温有毒烟流的影响范围。

通过模拟实验以及模拟计算得到合理的通风组织方式，如下：

人员疏散完毕以前，送-排风竖井的风速组合为 0 m/s-3 m/s（图 6-10）。

人员疏散完毕以后，送-排风竖井的风速组合为 3 m/s-3 m/s（图 6-11）。

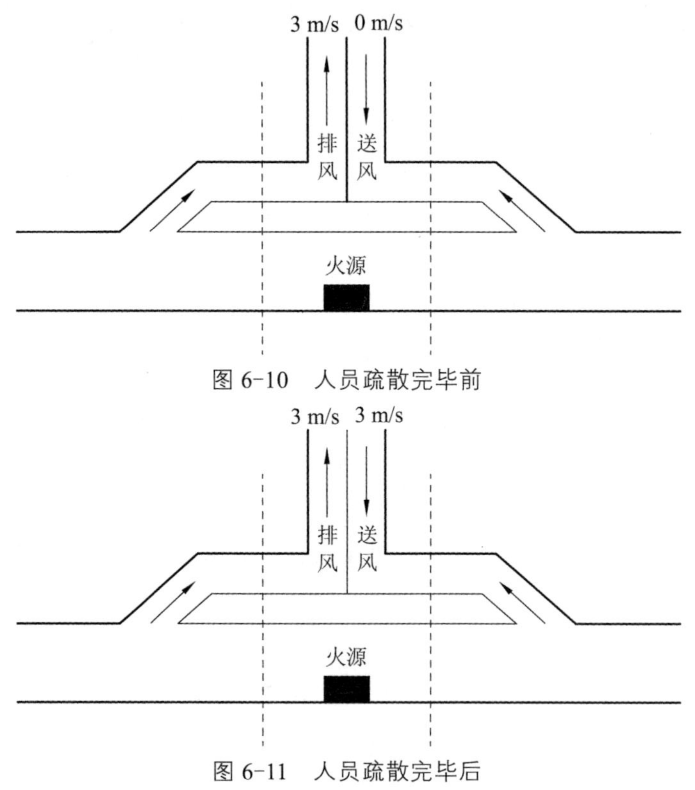

图 6-10　人员疏散完毕前

图 6-11　人员疏散完毕后

3）火灾发生在送风区段

火灾发生在送风段时，应尽量使燃烧产生的高温烟流全部从送风段排出，防止火灾向竖井间短道蔓延。

通过模拟实验以及模拟计算得到合理的通风组织方式，如下：

人员疏散完毕以前，送-排风竖井的风速组合为 0 m/s-3 m/s（图 6-12）。

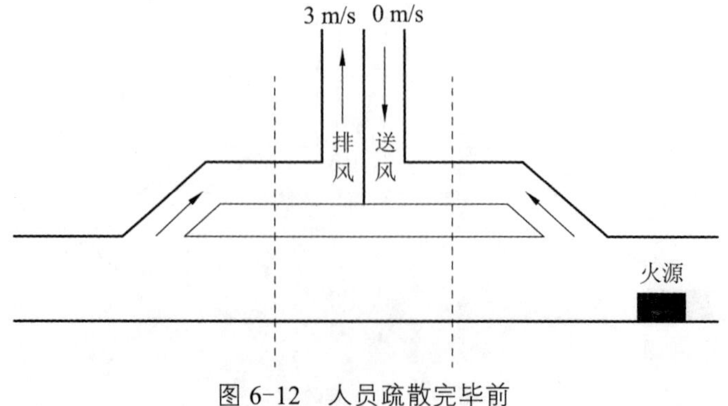

图 6-12　人员疏散完毕前

人员疏散完毕以后，送-排风竖井的风速组合为 0 m/s-最大（图 6-13）。

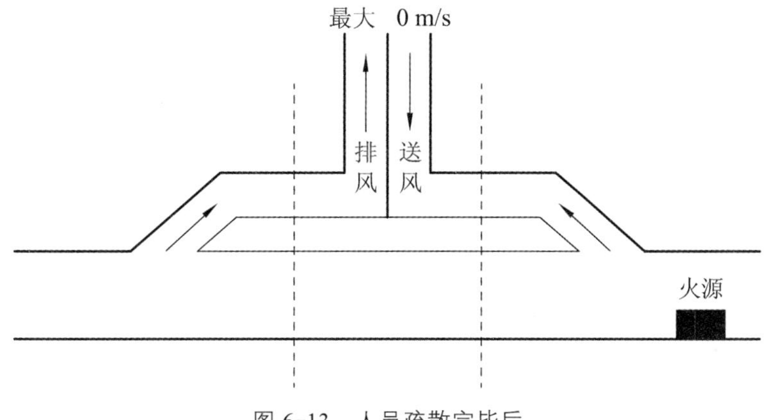

图 6-13　人员疏散完毕后

6.3　单座隧道防灾救援体系

公路隧道的防灾救援设计，应贯彻以下总原则：以人为本，预防为主，防消相结合；监控有效，措施有力，疏散有序，助救与自救相结合；早期发现、及时灭火，移动式和固定式灭火相结合。

（1）以人为本，预防为主，防消结合：将火灾对隧道内人员危害减至最小作为最高原则，建立消除火灾隐患的检测和管理的行车安全保障体系，以及火灾报警、救援和灭火的防范体系，其在软硬件上要作以下考虑：

软件包括：正常行车规章制度；非火灾异常情况的处理预案；载有危险品车辆的检测和行车管理办法；日常监控管理制度；报警和消防系统的检查和维护制度等。

硬件包括：设备和电缆的耐火设计；车行、人行横通道的布置间距和与主隧道的连接方式；设备布置方式；监控报警系统；消防设备；危险品车辆检测设备等。

（2）监控有效，措施有力，疏散有序，助救与自救相结合：建立高标准的人员助救和自救设施和办法；其在软硬件上要作以下考虑：

软件包括：火灾情况下的组织和执行预案；火灾情况下的通风预案；火灾情况下的行车组织预案；火灾情况下的疏散救援预案；火灾情况下的灭火预案。

硬件包括：警报设施、逃生通道标志、引导设施、自救设备、助救设施、灭火设施等。

（3）早期发现、及时灭火，移动式和固定式灭火相结合：侧重早期灭火，将火灾扑灭于爆燃之前的 5~10 min，最大程度地降低损失；其在软硬件上要作以下考虑：

软件包括：建立火灾的早期灭火和爆燃灭火预案；灭火通风组织预案；灭火方式预案、消防队伍工作方案；组织消防演习。

硬件包括：智能移动灭火设施、固定灭火设施等。

为了实现公路隧道防灾救援总原则，必须进行以下工作：

（1）对公路隧道交通工程等级进行划分。

（2）根据隧道交通工程等级，确定隧道交通工程设施的配置类型。

（3）根据隧道交通工程设施的配置类型，结合隧道土建设计条件，进行隧道监控系统设计。

（4）根据隧道监控系统设计文件，对各型设施进行地址编码。

（5）对隧道防火进行分区，确定每个防火分区在火灾情况下各系统的运转设备及其对应的地址码。

（6）根据每个防火分区在火灾情况下各系统的运转设备及其对应的地址码，制定防灾救援预案。

6.3.1　隧道交通工程等级划分

公路隧道交通工程等级根据隧道长度、隧道交通量两个因素划分为 A、B、C、D 四级。公路隧道交通工程等级可按式（6-18）计算：

$$P = L \times q \times 365 \times 10^{-10} \tag{6-18}$$

式中　P——隧道内年事故概率估计值（当 P 的计算值 > 1 时，取值 1）；

L——隧道长度（m）；

q——隧道单孔设计年度平均日交通量（pcu/d）。

根据 P 的计算值，隧道交通工程等级划分见表 6-2。

表 6-2　公路隧道交通工程等级划分

P	等级
$P>0.55$	A 级
$0.55 \geqslant P \geqslant 0.18$	B 级
$0.18>P>0.05$	C 级
$P \leqslant 0.55$	D 级

6.3.2　隧道交通工程设施配置标准

隧道交通工程等级划分隧道交通工程设施配置一般根据隧道交通工程等级进行配置，对于特殊隧道可上靠一级。隧道交通工程设施配置标准见表 6-3。

表 6-3　隧道交通工程设施配置标准

系统名称	设施名称	隧道等级			
		A	B	C	D
交通安全设施	隧道指示标志				
	疏散指示标志				
	紧急电话指示标志				
	消火栓指示标志				
	人行横洞指示标志				
	车行横洞指示标志				
	标线				
	轮廓标				
	凸起路标				

续表

系统名称	设施名称	隧道等级			
		A	B	C	D
交通监控系统	交通检测器				
	摄像机				
	交通区域控制单元				
	可变限速标志				
	可变情报板				
	交通信号灯				
	车道指示器				
通风及照明控制系统	VI 检测器				
	CO 检测器				
	NOX 检测器				
	风向风速仪				
	通风区域控制单元				
	亮度检测器				
	照明区域控制单元				
通信系统	紧急电话				
	有线广播				
消防系统	火灾检测器				
	报警按钮				
	火灾控制机				
	灭火器				
	消火栓				
	固定式水成膜泡沫灭火装置				
供配电系统	供电设备				
	配电设备				
中央控制管理系统	计算机设备				
	显示设备				
	控制台				

6.3.3 隧道监控系统设计

根据隧道监控设施的配置类型，结合隧道土建设计条件，进行隧道监控系统设计。

公路隧道监控系统主要由通风与控制系统、照明与控制系统、交通诱导与控制系统、火灾报警系统、闭路电视系统、有线广播系统、其他系统（如供配电系统、通信系统）等子系统构成。

1. 通风与控制系统

通风与控制系统主要由轴流风机、射流风机、CO/VI 检测仪和风速检测仪构成，该系统主要通过对隧道内的 CO 值、VI 值、TW 值等参数的监测，对隧道内的风机实行远程控制或现场的人工控制，以满足隧道内的通风要求，特别是在火灾、事故时的通风要求。

1）CO/VI 检测仪

CO/VI 检测仪能自动检测隧道内的 CO 浓度值及烟雾透过率。各设备按要求在隧道断面内布置，一般布置在隧道进口 100~200 m、隧道中间、隧道出口 100~200 m 处，且布设在行车方向右侧壁人行道上方 3.5 m 处，检测头收、发之间的间距为 3 m。CO/VI 检测仪采集数据的周期不能大于 60 s。

2）TW 检测仪

TW 检测装置用于自动检测隧道内的风向、风速。该设备一般布设于隧道中部位置以及隧道两端。TW 检测仪采集数据的周期不能大于 60 s。

3）射流风机

隧道内的射流风机用于保证隧道中的烟雾和 CO 浓度达到允许值以及在发生火灾时控制烟雾的蔓延。射流风机的数目和型号由计算得出。该设备布置在隧道横向上时，应设置在建筑限界以外 15~20 cm 处；该设备布置在隧道纵向上时，对于一般长隧道可集中布置在两端洞口，对于特长隧道宜在两端洞口、洞内中部等位置不少于 3 段集中布置。

4）轴流风机

轴流风机安装在风机房内（分洞外风机房和洞内风机房）。应结合使用条件、通风量、全压及性能曲线选择风机。宜选用低风压、大风量的轴流风机。应根据经济技术条件比选，确定采用一台大的风机或用多台较小的风机并联。吹入式通风可不装扩散器；吸出式通风必须装扩散器。隧道内发生火灾时，当采用吸出式通风时，轴流风机应能在环境温度为 250 °C 情况下可靠运转 60 min 以上，恢复常温后，轴流风机不需大修即可投入正常运转。对于洞外风机房或虽为洞内风机房但采用吹入式通风时，轴流风机不需要抗高温要求。

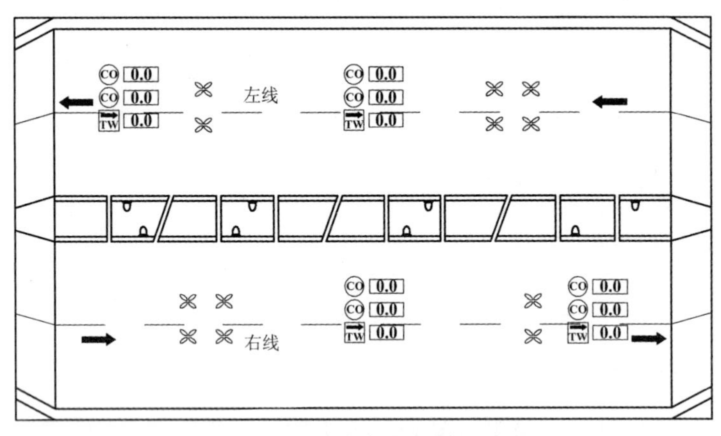

图 6-14　通风与控制系统示意图

2. 照明与控制系统

隧道的照明分为下面几类：基本照明、紧急照明、加强照明。

1）基本照明

基本照明一般分两路，即基本照明 1、基本照明 2。其中基本照明 1 为常开照明，白天和夜间均设为常开状态。基本照明 2 只在白天设为常开。

2）紧急照明

紧急照明为常开照明，始终处于开启状态。

3）加强照明

加强照明分为入口段加强照明、出口段加强照明。入口加强照明一般有 4 路：加强照明 1、加强照明 2、加强照明 3、加强照明 4；出口加强照明一般有 3 路：加强照明 1、加强照明 2、加强照明 3。

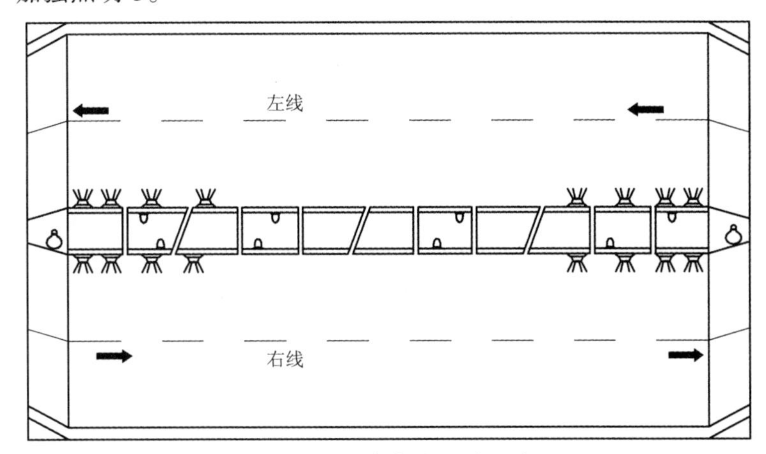

图 6-15　照明与控制系统示意图

3. 交通诱导与控制系统

交通诱导与控制系统主要由车辆检测仪、交通信号灯、车道指示器、可变情报板（可变限速标志）、车行横通道标志等组成。

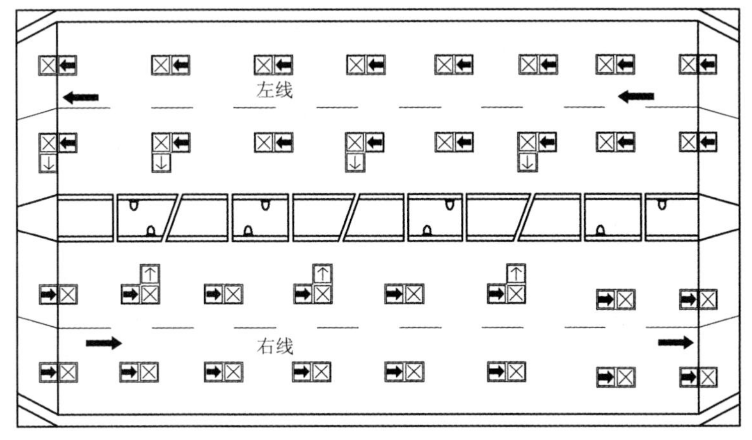

图 6-16　交通诱导与控制系统示意图

1）车辆检测仪

隧道内设有多处车辆检测仪用于检测通过隧道的交通流数据，这些数据是体现隧道内交通是否正常的重要标志。车辆检测仪可以计算出交通量，行车速度、车型、车道占有率等。

2）交通信号灯

为红、绿、黄、绿箭头四显示信息机。红灯为禁行信号，绿灯为通行信号，黄闪灯为注意行驶过渡信号，红灯加绿箭头为绕行指示信号。

3）车道指示器

在每条隧道出入口及紧急通道处，每个车道设车道指示器。车道指示器由绿箭头和红 X 组成，用以指示该车道能否通行。

4）可变情报板（可变限速标志）

为指示车辆即将进入的隧道状况，在隧道入口处设可变情报板。可变情报板可显示汉字、字母、数字及简单图形。显示内容一般为存入的十多种固定内容。

5）车行横通道标志

在每一车行横通道处设置车行横通道标志，用于隧道内发生事故时引导车辆安全撤离。

4. 闭路电视系统

闭路电视系统（CCTV ）负责对隧道全段进行监视。正常情况下用以掌握交通状况；异常情况时用于捕获隧道内突发事件发生时的现场图像，以供事故处理决策人员在远程监视事故现场处理情况，作出正确营救、疏散的具体方案。

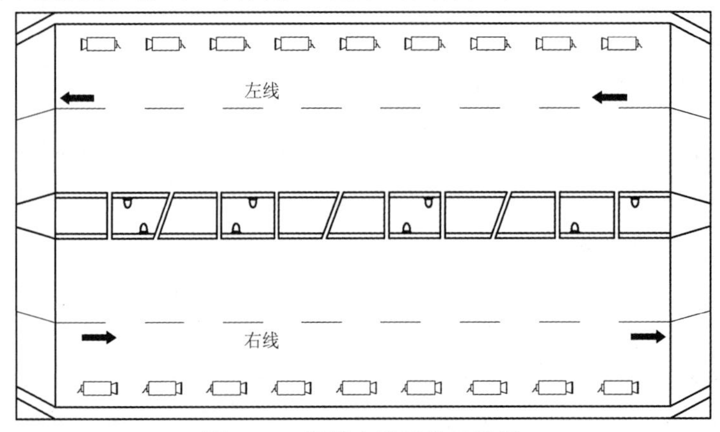

图 6-17　闭路电视系统示意图

5. 火灾报警系统

火灾报警系统是消防系统的一部分，由中心控制室内的集中火灾报警控制仪、隧道内火灾检测器、手动报警按钮、控制室、设备室及变电站设备室的感烟探测仪、连接电缆、配线、接线盒及必要的附件组成。隧道内火灾检测器、手动报警按钮应分别划分报警区段，每区段应作一个报警单元处理。区段的划分应与电视摄像机的监视范围相协调，便于值班人员确认。

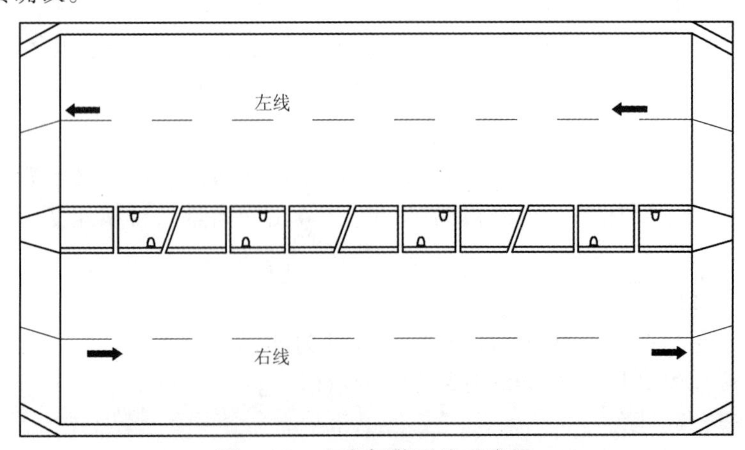

图 6-18　火灾报警系统示意图

6. 有线广播系统

有线广播系统是在隧道内出现紧急状况时，供隧道监控中心指挥人员向隧道内行车人员发布信息，组织疏导车辆及人员的调度手段。

7. 其他系统

除了上述子系统外，隧道监控系统中还包括：电力监控系统、消防系统、通信系统等。

6.3.4 隧道设施地址编码

隧道设施地址编码包括：防火分区编码、通风系统设备编码、照明系统设备编码、交通系统设备编码、闭路电视系统设备编码、火灾报警系统设备编码、有线广播系统设备编码及其他系统设备编码。

6.3.5 火灾模式下隧道设备控制台数及位置

对于隧道的每一个防火分区，需要确定火灾模式下的通风系统设备台数及位置、照明系统设备台数及位置、交通系统设备台数及位置、闭路电视系统设备台数及位置、有线广播系统设备台数及位置，及其他系统设备台数及位置。

6.3.6 隧道防灾救援预案制定

对隧道内的每一个防火分区应制定相应的防灾救援预案。制定过程主要是：

（1）根据防火分区，确定出火灾模式下隧道设备控制台数及位置，并对各设备进行编码。

（2）根据疏散、救援过程需要，确定各子系统的执行顺序。

（3）根据每个子系统控制特点，确定每个设备的执行顺序。并按设备编码进行排序。目前，可采用群发技术对子系统设备进行控制。

（4）根据设备执行顺序和子系统执行顺序，制定出该防火分区的防灾救援预案。

6.3.7 隧道防灾救援预案执行策略

1. 隧道火灾日常管理

坚持“安全第一、预防为主”的方针，经常性地开展督促检查和培训演练。各单位各级应急部门要定期或不定期对重点危险源进行排查。在汛期、雷雨季度、持续高温等恶劣天气、节假日和重大活动等特殊时段，强化排查、巡查等监督检查工作；利用隧道视频监控、视频事件检测、火灾报警等先进的隧道机电技术手段做好预测预警工作，及时发布预警信息，建立和完善以预防为主的日常监督检查机制，避免和减少隧道火灾事件的发生。

2. 隧道火灾确认

监控中心应充分利用隧道内紧急电话、隧道火灾自动报警、CO/VI 自动报警和视频事件检测系统以及高速公路运营管理公司信息报警平台和110报警平台等现有报警资源，接受系统预测预警信息和驾乘人员报警，实行联动报警。

3. 隧道火灾救援指挥系统

隧道火灾确认后，应立即建立隧道火灾救援指挥系统，即成立隧道应急指挥部。

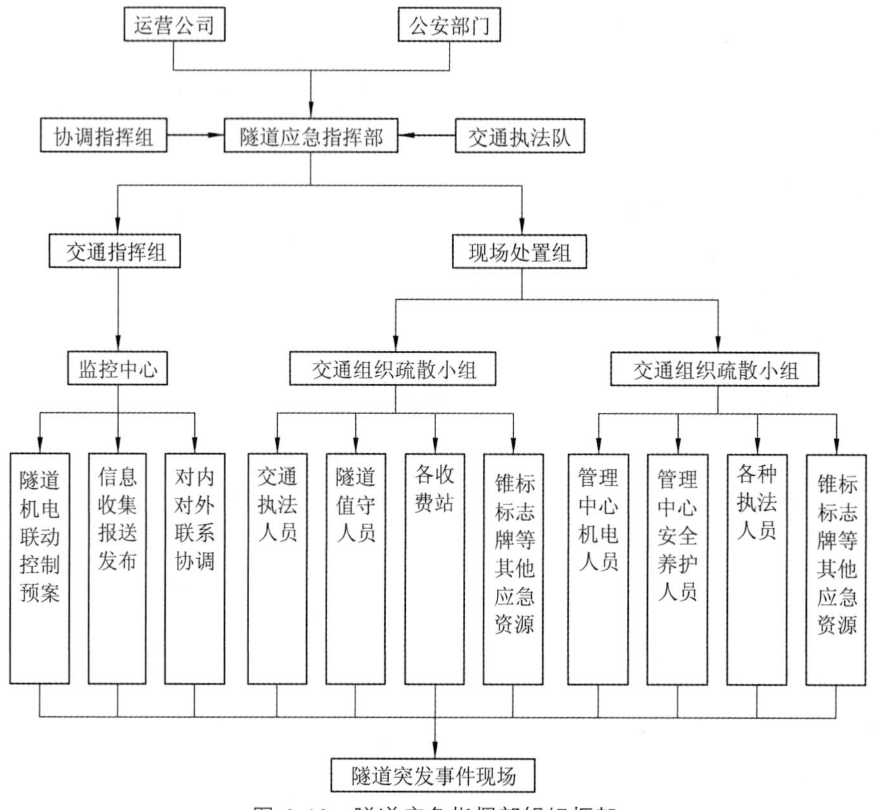

图 6-19　隧道应急指挥部组织框架

4. 隧道火灾应急响应

发生隧道火灾事件时，由隧道应急指挥部组织应急资源迅速作出应急联动响应，在当地政府或消防部门队伍到达前负责对隧道突发事件进行前期应急处置，同时动员消防、医疗、公安、环保等社会各方力量，迅速形成应急处置合力对突发事件进行处理。

当地政府或公安消防部门到达后应将应急处置指挥权交由当地政府或消防部门现场总指挥，由隧道应急指挥部负责为抢险救援工作提供交通保障和技术支持，医疗机构为应急处置工作提供医疗救助保障，公安机关为应急处置工作提供治安保障，环保部门为应急处置提供环保保障等，由消防部门组织现场抢险救援工作，由当地政府统一组织隧道突发事件应急处置工作的开展。

5. 隧道灭火

在高速公路建设中，路段可设消防救援站，发生火灾事故后，由消防站组织力量救火。未设置消防站的情况下可直接拨打 119，由当地的消防部门派就近的消防队进行救援灭火。

根据隧道所属辖区的情况，对各隧道左右线发生火灾，外部消防队的救援路线进行布设。

6. 隧道火灾善后处理

隧道火灾善后处理包括：

（1）火灾事件调查与评估。

（2）隧道恢复重建。

（3）恢复交通与信息发布。

（4）公众教育、培训和演习。

6.4 隧道群防灾救援体系

隧道群的定义是一条路上有连续多座隧道，两座互通立交之间有两座以上隧道，但隧道之间相距较远，隧道通风和照明彼此之间相互没有影响，但交通流相互之间有一定影响，防灾救援影响较大。此时，各隧道的控制系统需要考虑智能联动。

6.4.1 隧道群联动控制预案制定原则

1. 预案区段及单元划分

高速公路以互通立交为界划分预案区段，每相邻互通立交之间的距离作为一个预案区段，基于该原则将高速公路划分为相互联动的若干预案区段；每一个预案区段内，以隧道（单体或毗邻隧道）为界，沿行车方向将互通立交到隧道之间的路段、隧道、隧道到隧道之间的路段以及隧道到互通立交之间的路段作为预案单元。基于该原则将预案区段划分为相互联动的若干预案单元；预案通过单元内的监控系统实施高速公路突发交通事件时的整体联动控制。预案单元分为路段单元和隧道单元。

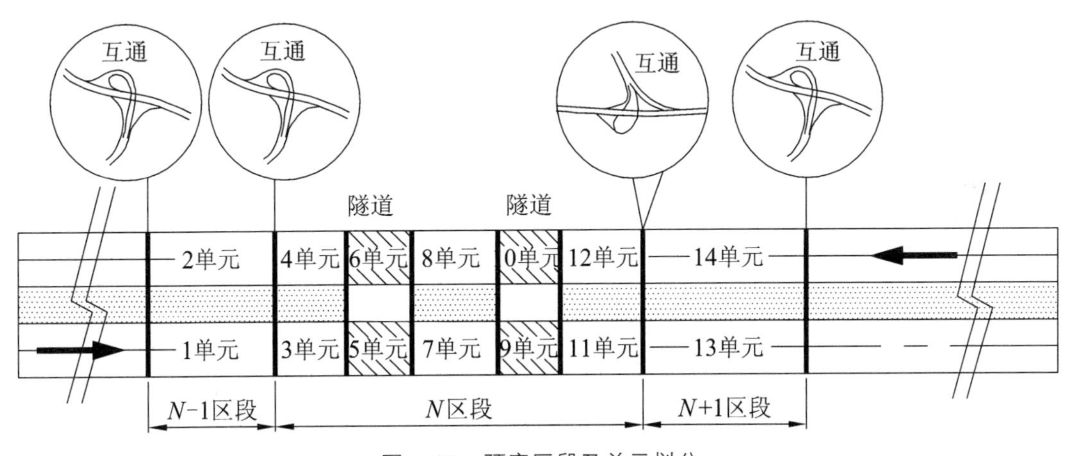

图 6-20 预案区段及单元划分

2. 联动控制的主要思想

联动控制主要思想是：单元联动控制是基础，区段联动控制是辅助的主导思想。单元联动控制坚持先内后邻的控制理念。区段控制坚持由近及远的控制理念。单元联动控制重点解决事故发生地及其附近的逃生、救援、交通组织的问题，区段联动控制重点解决交通疏解问题。

3. 联动控制策略

预案的具体执行顺序为：单元监控子系统的各设备控制→单元监控系统的联动控制

→单元联动控制→区段联动控制。

6.4.2 隧道群应急响应流程及外部消防衔接

1. 隧道群应急响应流程

隧道群应急响应包括路段和隧道两部分。隧道应急响应见 6.3 节，路段发生火灾时，救援组织形式如图 6-21。

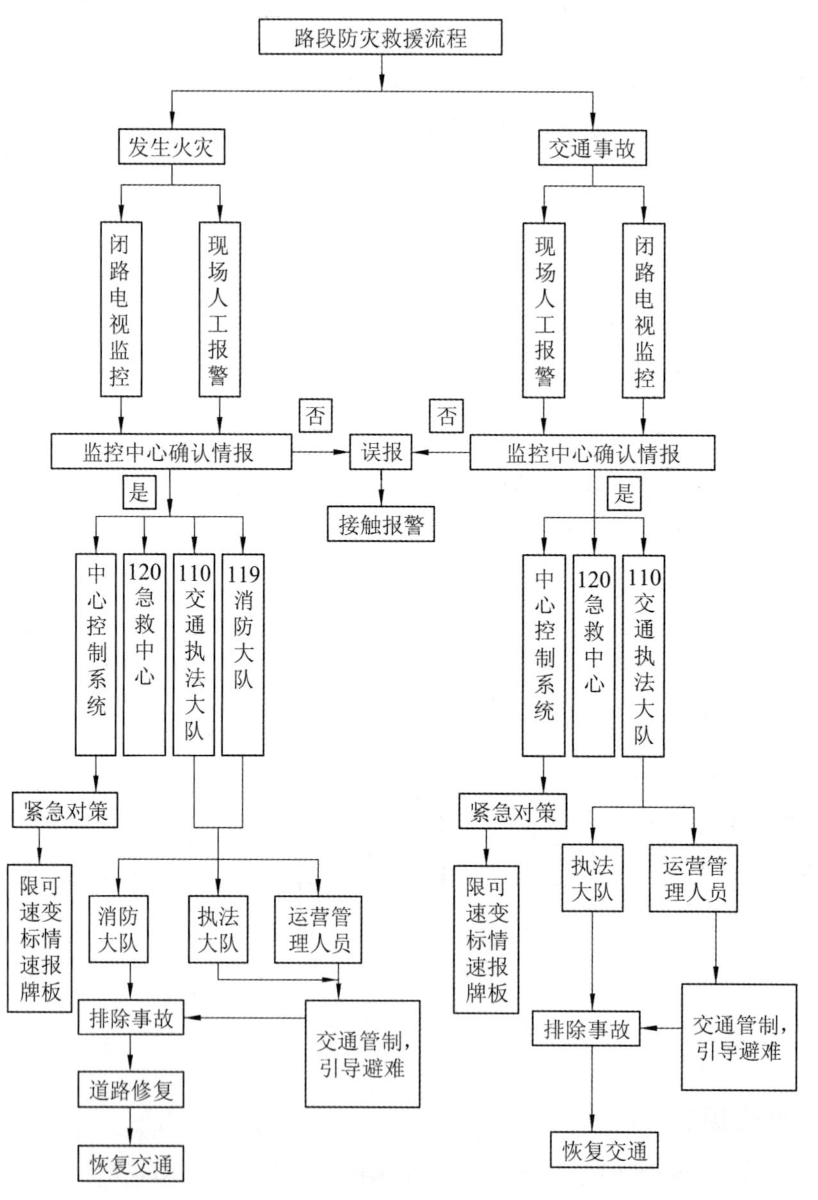

图 6-21 路段防灾救援流程图

2. 外部消防衔接

由于在高速公路建设中，大部分路段未设消防接援站，因此发生火灾事故后，直接拨打 119，由当地的消防部门派就近的消防队进行救援。

6.4.3 隧道群监控系统组成

高速公路沿线一般设有路段交通监控系统和隧道交通监控系统。

隧道交通监控系统主要由通风与控制系统、照明与控制系统、交通诱导与控制系统、火灾报警系统、闭路电视系统和有线广播系统等子系统构成。

路段交通监控系统主要由可变情报、闭路电视、检测器等设施构成。路段交通监控系统主要设置在互通、服务区、停车区、预留互通等重要监控地段。

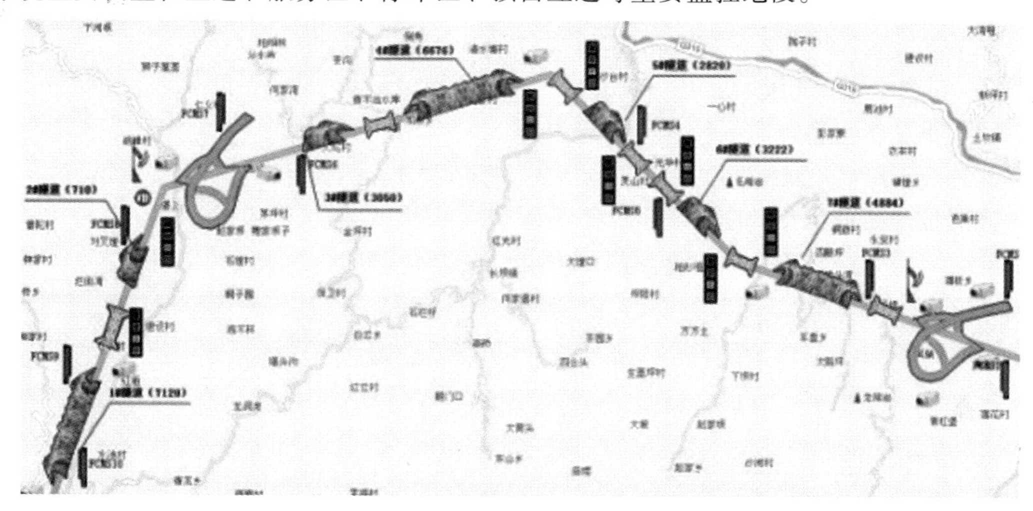

图 6-22　某高速公路路段监控系统示意图

6.4.4 隧道群火灾预案制定

隧道群火灾预案制定过程主要是：

（1）根据预案区段划分原则，对公路进行区段划分。

（2）根据隧道群的定义，判断各隧道间关系是否属于隧道群。

（3）根据预案区段划分结果及隧道群判定结果，将公路划分为若干个预案单元。

（4）对路段单元监控设施地址进行编码。

（5）对隧道单元监控设施地址进行编码。

（6）根据联动控制预案制定原则，对于所有路段单元制定相应的火灾预案。

（7）根据联动控制预案制定原则，对于所有隧道单元制定相应的火灾预案。

6.5 公路隧道火灾预防技术

6.5.1 危险物品分类

凡具有爆炸、易燃、毒害、腐蚀、放射性等危险性质，在运输、装卸、生产、使用、储存、保管过程中，于一定条件下能引起燃烧、爆炸，导致人身伤亡和财产损失等事故的化学物品，统称为化学危险物品。目前常见的、用途较广的约有 2 200 余种。

我国国家技术监督局曾于 1986 年、1990 年先后发布了“危险货物品名表”（GB6944—86）和“危险货物品名表”（GB12268—90），并在 2012 年发布了《危险货物分类和品名编号》（GB6499—2012），将危险物品分为九个大类，并规定了危险货物的品名和编号。九类危险物品如下：

第 1 类：爆炸品；

第 2 类：气体；

第 3 类：易燃液体；

第 4 类：易燃固体、易于自燃的物质、遇水放出易燃气体的物质；

第 5 类：氧化性物质和有机过氧化物；

第 6 类：毒性物质和感染性物质；

第 7 类：放射性物质；

第 8 类：腐蚀性物质；

第 9 类：杂项危险物质和物品，包括危险环境物质。

各类危险品引起火灾的特点可见表 6-4。

表 6-4　危险物品引起火灾特点

类别	类的名称	项的名称	基本特征	一般扑救措施
第1类	爆炸品	整体爆炸物品	受高热、摩擦、撞击、震动或其他外界作用，能够发生剧烈化学反映，瞬间产生大量气体和热量，形成巨大的压力，对周围环境造成破坏	泄漏：及时用水润湿，撒以松软物后轻轻收集； 有着火危险：转移或隔离； 注意：禁用酸碱灭火器或砂土，可用水或其他灭火器
		抛射爆炸物品		
		燃烧爆炸物品		
		一般爆炸物品		
		不敏感爆炸物品		
第2类	压缩气体和液化气体	易燃气体	受到热、撞击或强烈震动时，易于引起容器的破裂爆炸，或气体泄漏而酿成火灾或中毒等事故	泄漏：立即拧紧阀门或容器浸入冷水或石灰水中； 着火：洒冷水或浸入水中
		不燃气体		
		有毒气体		
第3类	易燃液体	低闪点易燃液体	具有较高的易燃性，表现为具有较低的闪点，在常温下易于被明火或火花引燃。易燃液体具有较高的挥发性，以及流动和扩散性，容易引起燃烧、爆炸和中毒事故	泄漏：干沙土覆盖后扫除干净； 着火：一般不宜用水
		中闪点易燃液体		
		高闪点易燃液体		
第4类	易燃固体、自燃物品	易燃固体	易燃固体燃点低，对热、撞击和摩擦敏感，易于被外部火源点燃，燃烧速度快，燃烧时散发出有毒有害气体或烟雾固体物质。自燃物品燃点低，在空气中易于被氧化并放出热量，而自行着火燃烧。遇湿易燃物品与水接触可发生自燃	注意：对于一些金属粉末、金属有机化合物、氨基化合等着火时，禁止用水、泡沫、二氧化碳和酸碱灭火剂
		自燃物品		
		遇湿易燃物品		
第5类	氧化剂和有机过氧化物	氧化剂	氧化剂在遇到可燃物质时会引起激烈化学反应，甚至发生燃烧、爆炸，最低也能加速燃烧反应。有机过氧化物易燃、易爆、易分解，对热、震动或摩擦极为敏感	泄漏：扫除干净后用水冲洗； 注意：过氧化钠着火时，禁止用水扑救
		有机过氧化物		

续表

类别	类的名称	项的名称	基本特征	一般扑救措施
第6类	毒害品和感染性物品	毒害品	毒害品进入人、畜肌体后，能与肌体组织发生作用，破坏人、畜的正常生理功能，引起肌体暂时的或永久的病理状态，甚至死亡。感染性物品含有会使人或动物致病的活性微生物，能够引起病态，甚至致人、畜死亡	泄漏：谨慎收集，被污染车辆等需清洗； 着火时：对遇水发生危险反应的毒害品，不能用水扑灭；对无机氰化物不能用酸碱灭火器
		感染性物品		
第7类	放射性物品		会不断发射出各种射线，这些射线不为人的感官所觉察。过量的照射可能引起机体损伤；此外，有些放射性物质具有极强的化学毒性	立即向有关部门报告，由安全防护人员处理
第8类	腐蚀品	酸性腐蚀品	接触人体后能够灼伤人体组织，并对金属等物品能够造成损坏。散发出的刺激性气体，对眼睛、黏膜会造成伤害，吸入后会对呼吸道造成严重的损害	泄漏：撒上干沙土，扫除干净后用水冲洗
		碱性腐蚀品		
		其他腐蚀品		
第9类	其他易燃物品	如木材、布匹、纸张、禽兽毛绒、碳黑、煤粉等		

6.5.2 装运危险品车辆通过隧道的安全运输管理方法

1. 总　则

第一条　为了加强消防监督管理，预防和减少火灾，保护社会财产和人身安全，保障车辆安全通过隧道，根据有关法律、法规，结合公路隧道实际，特制定本办法。

第二条　本办法适用于特长公路隧道。

第三条　凡通过隧道的车辆除了应遵守本办法外，尚应遵守国家和交通部现行的有关标准、规范。

第四条　为加强隧道的防火安全管理，贯彻“预防为主，防消结合” 的消防方针和“防患于未然”的思想，确保载有易燃易爆物品（详见《危险货物分类和品名编号》（GB6499—2012））的车辆安全通过隧道。主要包括人、设备、管理三个方面。

第五条　维护隧道公共消防安全，保护消防设施，预防和扑救火灾，是全隧道使用人员共同的责任，是每个隧道使用人员应尽的义务。

第六条　本办法未包括的事宜，按交通部有关规定执行。

第七条　本办法解释权为特长公路隧道管理部门所有。

2. 基本制度

第八条　岗位责任制：特长公路隧道管理部门对预防易燃易爆物品火灾的安检人员

制定岗位责任制，明确工作内容、权利及责任，实行持证上岗。

第九条　工作记录制度：安检人员除了对允许及限制通过的易燃易爆物品车辆的安全状态进行记录外，还需对隧道内的报警设备，消防设备，监控系统等做好记录，并及时总结，尽早发现问题，反映问题。

第十条　预报制度：安检人员发现火灾隐患时，应及时向隧道管理部门反应，并立即组织有关人员清除火灾隐患。

第十一条　奖惩制度：对于业务水平突出且工作一贯认真负责或发现排除了重大火灾隐患的有功人员，应给予立功奖励。对于工作不负责任或业务水平不合格或工作失职造成损失者，视情节轻重，给予警告、罚款、记过、留职查看、开除等处分，直至追究刑事责任。

第十二条　总结分析分析制度：每月要认真填写和编制安全报表，总结和分析本月特长公路隧道的安全情况，对检查发现的火灾隐患逐件登记备案。

第十三条　定期演练制度：特长公路隧道管理部门应定期组织安检人员、驾驶员及地方消防部门进行火灾消防救援演练，提高大家对隧道防火重要性的认识，熟悉消防设备的使用，了解防灾预案的程序，提高紧急情况下的消防救援能力。

第十四条　定期检修制度：建立和健全每个季度对隧道内设备实行大规模地检修校核工作，确保信号，通信供电设备可靠性，保证通信、信号、供电线路的畅通，并加强行车安全设施维修保养工作，提高安全保障能力。

第十五条　定期培训制度：以全面提高职工队伍的素质为根本措施，大力抓好职工的全员培训，特别要抓好关键岗位以及在职人员的培训。关键岗位以及在职人员两年应进行一次专业培训，以进行知识更新，不断提工作人员的业务素质。

第十六条　部门间的沟通制度：特长公路隧道管理部门应与地方消防部门加强工作联系，共同研究与解决易燃易爆物品车辆通过特长公路隧道的预防救援问题，共同建立严密的防火安全体系，并就制定的消防救援程序，经常性地进行试验。

第十七条　部门间的沟通制度：特长公路隧道管理部门应与地方消防部门加强工作联系，共同研究与解决易燃易爆物品车辆通过特长公路隧道的预防救援问题，共同建立严密的防火安全体系，并就制定的消防救援程序，经常性地进行试验。

第十八条　消防组织：特长公路隧道内应根据易燃易爆物品火灾的特性建立健全有效的消防组织，配备足够的消防器材，并定期对设备进行检查和更换，保持设备的正常运转。同时，需根据可能的火灾事故制定对应的消防救援预案。

3. 载有危险品车辆的安全检查

第十九条　特长公路隧道管理部门应在隧道两端设立易燃易爆物品检查站。检查站应包括检查区域和检查完毕临时停车的区域两个隔开的部分，并有通畅的道路与隧道入口及路网连通。检查站一般可与隧道收费站综合考虑，确定其位置及大小。

第二十条　检查站应设置足够的危险品检查设备，并定期检查维修。安检人员应熟练掌握各类危险品的检测设备和检测方法。

第二十一条　检查站要求具备完善的照明、报警、消防、防爆、避雷以及消除静电的安全设施和防灾措施。

第二十二条　危险品车辆临时在检查站停放时，应分区存放，分别设置对应的防灾设备。

第二十三条　危险品检查站功能：① 检测危险品车辆存在的安全隐患，并进行补救和加强；② 临时停放易燃易爆物品车辆以及组织车辆安全通过隧道。

第二十四条　易燃易爆物品车辆通过隧道的安全标准：① 隧道交通监控、通风、照明、报警及消防等系统运行状态良好；② 危险品车辆装载、包装符合标准，安全措施得当；③ 通过时间适当，周围环境情况合适。

第二十五条　人员应严格按照隧道管理部门制定的安全标准，根据易燃易爆物品车辆的安全状况，从经济、安全、社会等方面综合权衡装载易燃、易爆物品车辆通过隧道和绕行两种方案所带来的风险，按三种情况处理：① 装载第九类物质的车辆允许通过；② 装载第一类、第二类、第三类、第四类、第五类、第六类、第八类物质的车辆视其采取的安全措施严格限制通过；③ 装载第一类、第七类物质的车辆禁止通过隧道。检测确定后应立即要求车辆离开检查站，绕道行驶。

第二十六条　隧道管理部门有权要求运送危险品的车辆提供关于所载货物的学名、别名、理化特征、主要成分、包装方法、运输注意方法、危险性等参数，以及车辆所采取的安全保障措施。

第二十七条　隧道管理部门应对临时停放车辆的驾驶员及货物押运员进行短暂的培训，讲解隧道内的运输须知，防灾设备的使用以及紧急情况下的消防救援方法。

4. 危险品车辆通过隧道时的消防管理

第二十八条　主要设备的维修保养工作要坚持分级负责，部门归口管理原则。责任明确，并建立相应的分级制度。

第二十九条　管理部门其职责是：领导和组织易燃易爆物品车辆通过隧道的预防火灾工作和安全管理工作，并组织安检人员学习有关规章制度，提高业务素质。总结经验，开展评比，实行奖惩，全面提高管理水平。

第三十条　在火灾易发季节以及重大节日，管理部门组织专门力量，开展消防宣传教育和安全检查，做好消防工作。

第三十一条　加强统一领导，实行综合治理，把安全生产纳入现代化管理轨道。

第三十二条　隧道管理部门的安全监察办公室定期对隧道的安全工作进行检查和评估，并根据隧道的运行情况提出新的措施、方法。

第三十三条　特长公路隧道内专职的安检人员负责隧道内以及车辆进入隧道前的安全检查工作，以便尽早发现火灾隐患。安检人员上岗前需经过隧道消防的专业培训，合格后持证上岗，并保持人员的相对稳定。安检人员两年应进行一次专业培训，以进行知识更新。

5. 危险品车辆通过隧道时的防灾措施

第三十四条　随着工业的发展，危险品的种类和运量在逐年增大，使得如何识别危险品，如何确定其安全等级，如何采取合适的安全措施变得困难起来。因此，隧道管理部门应建立危险货物安全信息管理系统，提供信息查询、安全决策及紧急救援预案等服务，以提高隧道的现代化管理水平。

第三十五条　允许及限制通过的易燃易爆物品车辆只能在指定的时间内由隧道管理部门的安全车辆引导通过隧道。其通过时间应根据交通量的情况，选择在车辆稀少的时候。

第三十六条　易燃易爆物品车辆通过隧道时，隧道安检人员，中控室应实时监控车辆的运行状况，及时发现问题。隧道内报警、消防、通风等系统应做好应急准备。

第三十七条　结构方面的措施：① 特长公路隧道洞口两侧应设置防护栏，洞口应具备良好的照明设备和明显的标志及防护设施；② 隧道内需设置足够的横向坡度，以利排水，保持路面干燥；③ 隧道内需设置集油槽及可燃液体疏导沟，使得泄漏出的易燃液体限制在小范围内，降低易燃液体的蒸发，从而降低爆炸的危险性。

第三十八条　行车管理方面的措施：① 客货车道分离。安检重点为货车，客货车分道后，客车的运行更为通畅；② 禁止在隧道内抽烟和携带明火等；③ 隧道内不得随意停车和超车。货车间距应保证在 100 m 以上；④ 禁止酒后驾车。

第三十九条　特长公路隧道区域内建立专用的无线通讯网络系统，保证在安全监控或紧急情况下，驾驶员、消防人员与中控室间的良好通讯。驾驶员、隧道内的安检人员可以随时接受到中控室的指导信息。同时，也可通过无线对讲机及隧道内设置的紧急电话等与中控室联系。

第四十条　隧道内应设置应急能源供应。应急能源供应可由备用的电源或发电机提供，应为隧道照明、通风、交通控制、通讯等重要的系统提供足够的能源。

第四十一条　紧急情况下易燃易爆危险品的扑救：（1）根据货物性质，采用正确的方法，组织扑救。对易燃液体、铝铁熔剂，不准用水扑救；对爆炸品，不准用砂土覆盖；剧毒品、腐蚀性物品或燃烧时会产生有毒气体的物品，抢救人员应采取防毒、防腐蚀措施。（2）发生火灾的危险品车辆，必须彻底扑灭，特别是对棉花、麻、毛等类物品，要彻底检查，消灭潜伏火种。（3）采取隔离措施，防止易爆物品引起灾害扩大。

习　题

6.1 简述火灾时隧道的区域划分和火灾阶段划分。

6.2 火灾时隧道的纵向温度和横向温度分别有何分布规律？

6.3 造成烟气逆流和烟气底层化的原因是什么？

6.4 简述双隧道火灾场景的通风烟流控制标准。

6.5 简述单隧道和通风井联合火灾场景的通风烟流控制标准。

6.6 隧道的监控系统有哪些？

6.7 简述单座隧道防灾救援预案的制定过程。

6.8 简述隧道群预案区段及单元的划分。

6.9 简述隧道群防灾救援预案的制定过程。

6.10 危险货物分为几类？分别是什么？

第 7 章　铁路隧道防灾救援

【本章重难点内容】

（1）铁路隧道防灾救援发展历程。

（2）救援疏散设施的构成。

（3）铁路隧道通风防灾方案设计。

（4）铁路隧道通风设备布置。

（5）铁路隧道防灾救援风速、风量设计。

7.1　铁路隧道防灾救援发展

随着我国铁路建设的快速发展，隧道因其具有缩短线路里程、减少环境破坏等优势得到广泛应用。但隧道火灾时有发生，严重威胁乘客的生命财产安全，甚至造成巨大的社会影响和经济损失。由于隧道环境的封闭性，火灾时排烟与散热条件差，温度高，会很快产生高浓度的有毒烟气，致使人员疏散困难，救灾难度大，破坏程度严重。目前，铁路隧道发生火灾时，尽量将列车拖出洞外进行灭火救援。随着铁路隧道长大化的发展，列车可能在未被拖出隧道前就已失去动力而被迫停车。因此，在隧道建设逐渐深入的背景下，保证隧道安全运营已经成为公共关注的焦点，也成为通风防灾设计的重点。为了规范国内铁路隧道防灾通风设计，国家铁路局于 2017 年 5 月 1 日发布了《铁路隧道防灾救援工程设计规范》（TB10020—2017）。

铁路隧道为一狭长构筑物，列车一旦在隧道内发生火灾，将产生大量的有毒烟雾和热烟气，对人的生命和隧道造成极大的威胁，后果不堪设想。国内外列车发生严重火灾事故达 30 多起，如 1972 年日本北陆隧道发生旅客列车因为电器设备漏电造成火灾，导致 700 多人伤亡的惨剧；1976 年以来我国发生了七次隧道列车重大火灾事故，累计中断行车时间达 2 500 h，人员伤亡超过 300 人（死亡 115 人），其直接经济损失超过 3 000 万元，间接经济损失则无法估计。

国内外针对铁路隧道火灾的研究，从研究手段上来说，分为实体尺寸火灾试验、火灾模型试验和数值模拟等几个方面。

世界各国都对铁路隧道火灾现场试验研究投入了大量的人力、物力和财力。1965 年，瑞士在威森附近废弃的 Offenegg（奥芬耐格）铁路隧道进行大规模的火灾试验。目的在于测量隧道内和洞口外的烟气层厚度。1973 年，日本在露天线路上进行了一系列的运行列车着火试验，其中的试验结果表明列车在着火后在继续运行 15 min 是安全的。1974—1975 年，奥地利在废弃的 Zwenberg 隧道内进行火灾试验，发现不同通风方式对油料燃烧、烟流方向和烟流温度有很大的影响。1990—1993 年，西欧九国联合分别在德国、挪威和芬兰的隧道中进行大规模的火灾试验研究，测试全隧道内温度、热传导、烟气流量、烟气浓度及其对能见度的影响。

近年来，随着计算机技术和计算数学的发展，运用计算机模拟隧道火灾受到越来越多的学者青睐。和试验研究相比，计算机模拟隧道火灾具有参数设定的任意性和预测结果的可再现性等优点。目前隧道火灾的数值模拟研究主要采用计算流体力学（Computational Fluid Dynamics，CFD）方法与火灾数值计算程序方法，模拟各种隧道火灾的高温烟气的流动和有毒气体的分布。1996 年，Woodburn 和 Britter 采用 CFD 方法模拟研究隧道火源附近即火源下风方向区域的温度和烟气情况，着重考察数值模拟结果的影响因素。

7.2 救援疏散设施

7.2.1 横通道及平行导坑

平行的两条隧道之间应设置相互联络的横通道，横通道间距不应大于 500 m。横通道设计应符合以下规定：

（1）短命尺寸不宜小于 4.0 m×3.5 m（宽×高）。

（2）横通道应设便于开启的防护门。

（3）防护门的通行净宽不应小于 1.5 m，通行净高不应小于 2.0 m。

（4）纵向坡度不宜大于 1%，防护门开启范围应为平坡段。

单洞隧道因施工组织需设平行导坑时，平行导坑应作为救援疏散隧道。平行导坑断面断面尺寸不应小于 4.0 m×5.0 m（宽×高）。

横通道及平行导坑的地面应平整、稳定、不积水。

平行导坑及横通道应设置防灾通风、应急照明、应急通信等设施。

7.2.2 紧急出口

紧急出口可以分为竖井式紧急出口、斜井式紧急出口、横洞式紧急出口。

紧急出口设计应符合以下规定：

（1）竖井式紧急出口：垂直高度宜小于 30 m，楼梯总宽度不宜小于 1.8 m。

（2）斜井式紧急出口：当坡度不大于 12%时，其水平长度不宜大于 500 m，当坡度不大于 40%时，其水平长度不宜大于 150 m。

（3）横洞式紧急出口：长度不宜大于 1 000 m。

（4）紧急出口与正洞连接处应设便于开启的防护门，宽度不应小于 1.5 m，高度不应小于 2.0 m。

（5）斜井式、横洞式紧急出口断面尺寸不宜小于 3.0 m×2.2 m（宽×高），竖井式紧急出口尺寸应按照楼梯布置确定。

单洞隧道设置紧急出口时，应优先选择横洞，也可以选择满足要求的竖井或斜井。

紧急出口通道内的地面应平整、稳固、不积水，紧急出口应设置防灾通风、应急照明、应急通信等设施。

7.2.3 避难所

避难所的设计应符合下列规定：

（1）设置避难所的辅助坑道断面尺寸不宜小于 4.0 m×5.0 m（宽×高）。

（2）设置避难所的坑道与正洞连接处应设防护门，防护门通行净空宽度不应小于 1.5 m，高度不应小于 2.0 m。

（3）避难所内待避空间净面积应根据所在工程具体而定，旅客列车性质、地区特征等，按乘车人数的百分比确定需要待避的人数，待避人均面积按 0.5 m^2/人考虑。

（4）设置避难所的坑道井底及待避空间范围的坡度不应大于 3%，防护门开启范围应为平坡段。

避难所及坑道内的地面应平整、稳固、不积水，避难所及坑道内应设置防灾通风、应急照明、应急通信等设施。

7.2.4 紧急救援站

横通道设计应包括以下内容：

（1）确定紧急救援站的长度，站台宽度、高度。

（2）计算横通道间距（密度），横通道门通行净宽、净高。

（3）按照救援方法计算等待区域面积。

（4）确定防灾通风、应急照明、应急通信、消防等设施设备。

紧急救援站的长度采用旅客列车编组长度加一定富余量，一般为 550~600 m；对仅运行动车组的高速铁路、客运专线隧道，其长度应采用 450~500 m。紧急救援站内应设置疏散站台，站台宽度宜为 2.3 m，站台面高于轨道面的尺寸不小于 30 cm，并不得侵入建筑限界，紧急救援站的疏散横通道间距不宜大于 60 m，紧急救援站内横通道尺寸不宜小于 4.5 m×4.0 m（宽×高）。紧急救援站内横通道两端应设防护门，防护门通行净空的总宽度不应小于 3.4 m，通行净高不应小于 2.0 m，横通道纵向坡度不宜大于 1%，防护门开启范围应为平坡段。

当采用救援列车救援至洞外时，紧急救援站内满足人员等待区域面积为 0.5 m^2/人，紧急救援站内的地面应平整、稳固、不积水，紧急救援站内应设置防灾通风、应急照明、应急通信、消防等设施。

7.3 隧道防灾通风方案设计

《铁路隧道防灾救援工程设计规范》（TB10020—2017）规定：长度 20 km 及以上的隧道或隧道群应设置紧急救援站，紧急救援站间的距离不应大于 20 km。紧急救援站应具备将人员快速疏散到安全区域并能自救或通过自救到达洞外的条件。长度 10 km 及以上的单洞隧道应在洞身段设置不少于 1 处的紧急出口或避难所。长度 5 ~ 10 km 的单洞隧道，应在洞身段设置 1 处紧急出口或避难所。长度 3 ~ 5 km 的单洞隧道，可结合施工辅助坑道，在洞身段设置 1 处紧急出口。根据《铁路隧道防灾救援工程设计规范》（TB10020—2017）要求，针对不同隧道条件采取合适的防灾通风设计方案。

7.3.1 设置救援站的隧道防灾通风

长大隧道防灾通风可采用正线隧道纵向通风与救援站横向通风相结合的通风系统形式。在正线隧道内设置双向可逆射流风机，采取壁龛式布置（见图 7-1）；在救援站内设置横向通风风道，横向风道与通风斜井相连通。长大隧道内设置救援站，救援站将隧道分为不同防灾区域，利用救援站处的斜井和隧道内两端的射流风机为救援站送风或排烟。通风必须维持

救援站横通道口处于正压状态，防止烟气流向通道内。通风系统从安全隧道送风，新风通过横通道流向事故隧道方向，抑制烟气进入横通道及未发生事故的隧道，引导疏散人员迎着新风进入横通道和安全隧道内，同时保证待避区域人员所需要的新鲜空气。按照事故在隧道内发生的区域不同采用不同的防灾通风方式。列车行驶在隧道内发生事故需要停靠在救援站救援时，在救援站范围内的所有联络横通道中设置的可逆射流风机，从安全隧道内取得新风向事故风道内送风。防灾通风示意见图 7-2、图 7-3。

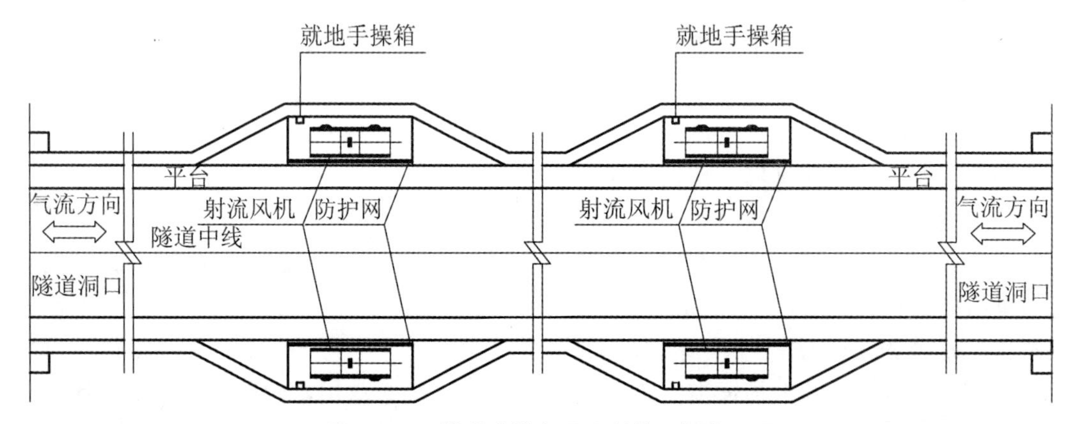

图 7-1　正线隧道纵向通风射流风机布置

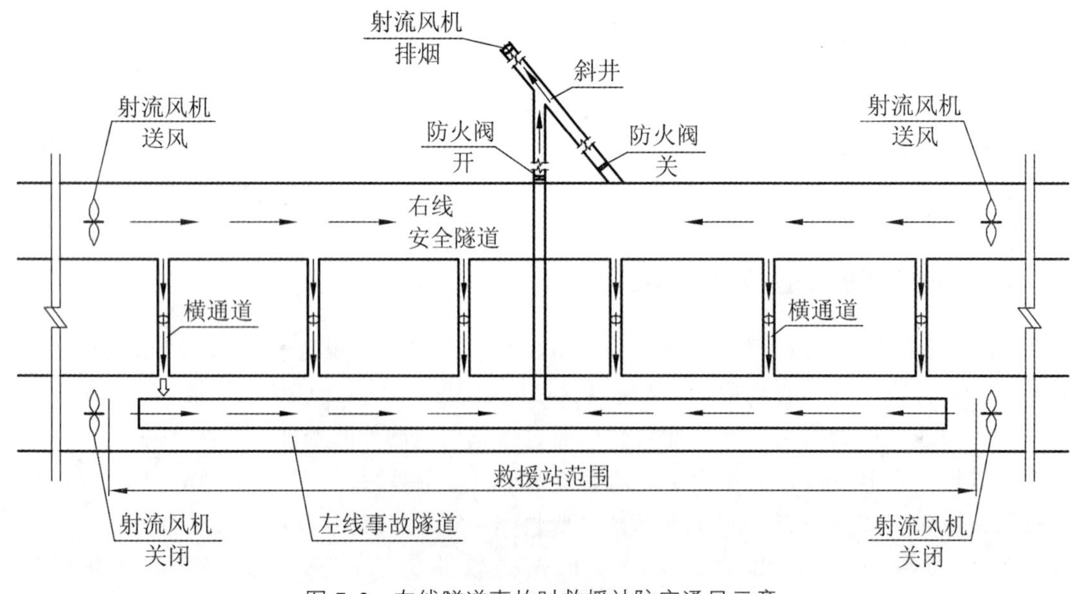

图 7-2　左线隧道事故时救援站防灾通风示意

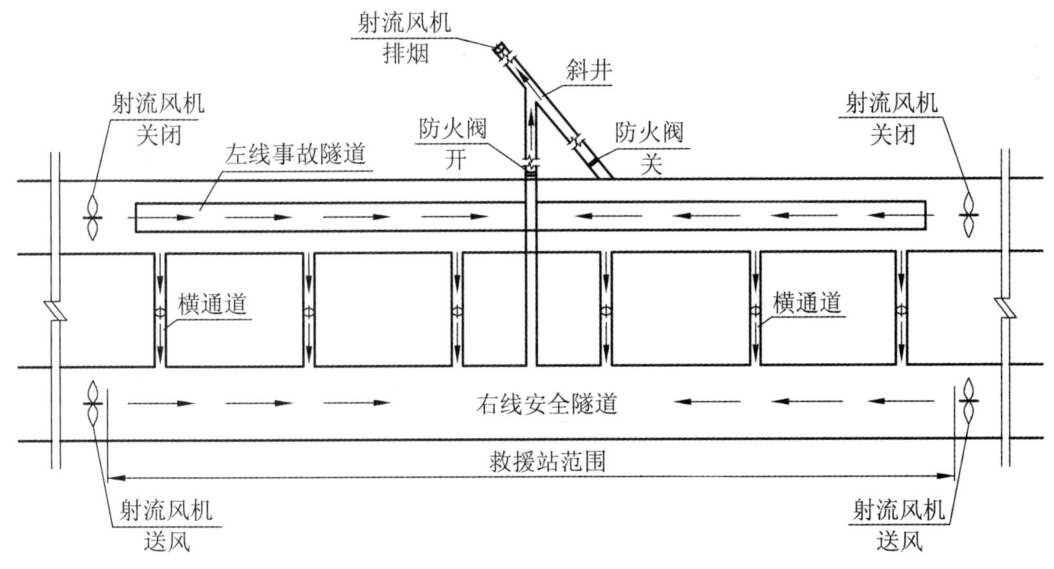

图 7-3　右线隧道事故时救援站防灾通风示意

7.3.2　设置紧急出口或避难所的隧道防灾通风

对需要设置紧急出口或避难所的隧道，通常利用施工斜井作为紧急出口或避难所[见图 7-4（a）]；也有的加宽斜井断面作为临时避难所[见图 7-4（b）]；或在靠近隧道的斜井内做平行导坑作为紧急避难所[见图 7-4（c）]。斜井内设置风机，发生事故时为紧急出口内加压送新风，使紧急出口及避难区域保持正压，抑制烟气进入避难场所，保证疏散人员安全。对设置平行导坑作为避难场所的方案，由于平行导坑进深较大，气流不流通，空气品质较差，不能满足规范要求的避难场所提供给避难人员新风量的要求，故需要在平行导坑与斜井交叉位置设置送风机，将斜井内送风机送进来的新风通过“二次接力”的方式送到避难区域。当隧道内发生火灾且需要利用紧急出口疏散人员时，开启紧急出口内的加压送风机，有平行导坑作为避难所时，开启服务于避难所的送风机。当在加压送风机作用下紧急出口内与隧道内的压差值达到 40 ~ 50 Pa 时，自动开启防护门处的余压阀泄压，保证防护门能顺利打开，便于人员疏散。

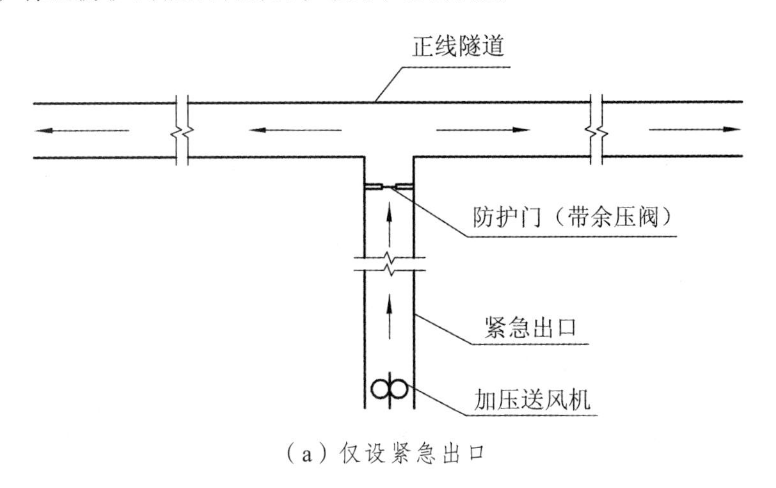

（a）仅设紧急出口

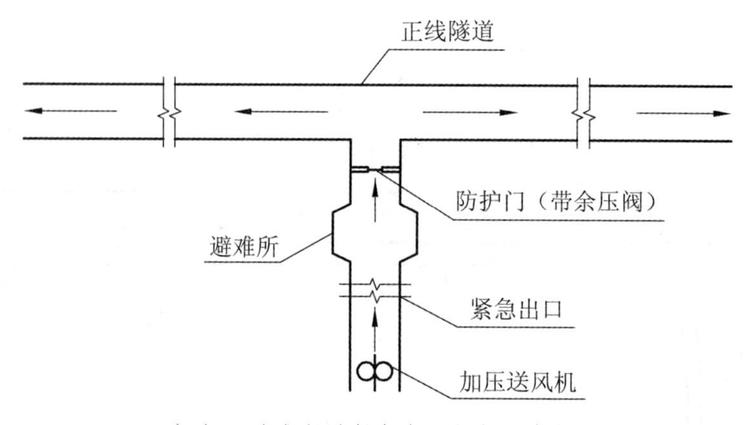

（b）设避难所（紧急出口局部加宽）

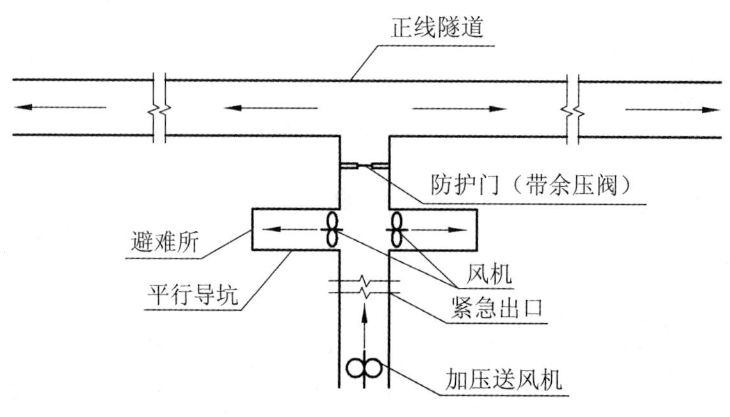

（c）设平行导坑作为避难所

图 7-4　设置紧急出口或避难所防灾通风示意

7.4　通风设备布置

隧道内的射流风机多采用壁龛式布置在隧道两边，数量较多时需分多组间隔一定距离布置，此种方法布置需要局部加宽隧道断面，增加隧道投资。斜井内设置加压风机时可采用吊装、直接堆放式或壁龛式放置，视隧道断面和是否影响通行而定。

7.4.1　壁龛式布置

壁龛式布置风机设备需要局部加宽隧道断面，断面加宽量根据布置风机的型号尺寸、出口风速、安装要求等因素确定。壁龛式布置射流风机示意见图 7-5。

就风机支架而言，目前通常采用钢制结构，由风机厂家随设备统一配置或设备安装单位单独采购制作。钢支架后期安装时根据风机实际尺寸、安装位置空间大小制作，方便灵活，但由于隧道内长期处于潮湿环境，钢支架易受腐蚀，影响使用寿命和风机运行安全，运营维护工作量大；混凝土支架不存在腐蚀现象，因此建议采用混凝土支架，但其建造不如钢支架灵活、方便。

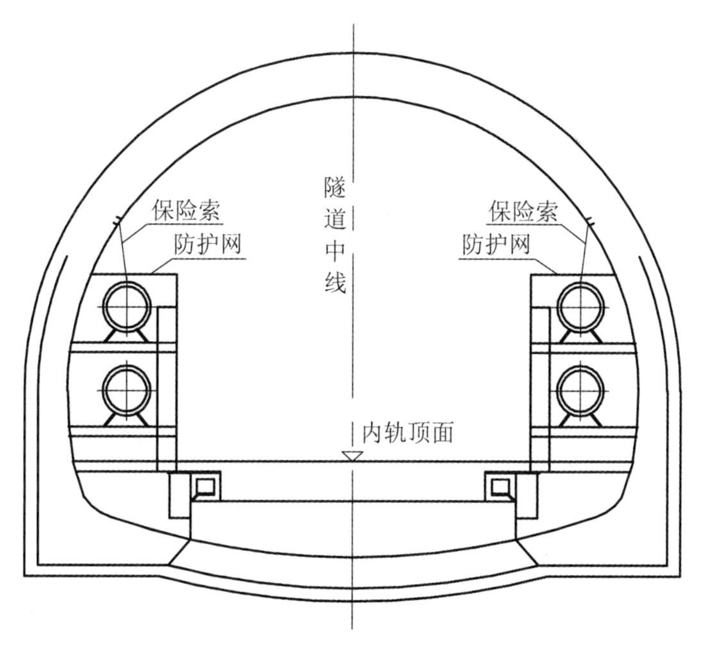

图 7-5 壁龛式布置射流风机示意

混凝土支架建造可分两种情况：一种是建造隧道时一起将风机支架做好，但由于设备没有招标，提前做支架存在不确定因素；另一种是先在需要安装风机处预留插筋，后期安装风机时由安装单位单独施工制作，但设备安装单位一般不擅长混凝土结构施工，无法保证施工质量，且所需建筑材料较少，施工单位也不愿单独采购。因此，建议采取包容设计的做法，在隧道施工时由施工单位一次性做好，留足设备运输、安装及检修空间。

7.4.2 吊装布置

斜井平时通行较少，吊装风机也不存在太多安全隐患，故目前通常做法是将斜井内的风机采用吊顶安装的方式，节省隧道专业投资。但由于斜井高度较大（一般都在 5 m 以上），吊顶安装存在安装、维护、设备检修及更换困难，虽然节省了初期投资，但后期运营费用较高。因此，不建议吊顶安装，而采取壁龛式安装。吊装布置射流风机示意见图 7-6。

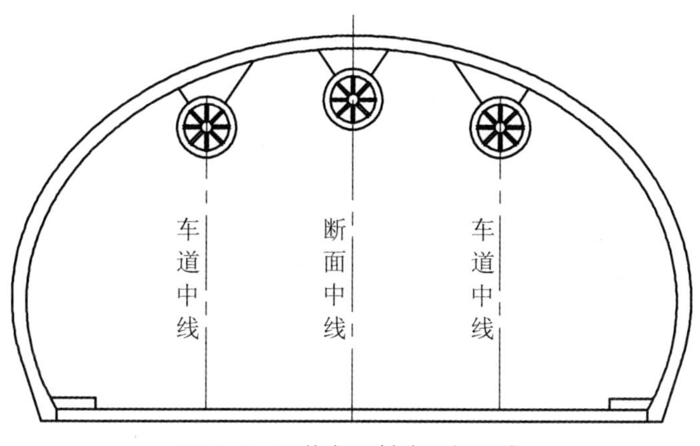

图 7-6 吊装布置射流风机示意

7.5　防灾救援风速、风量设计

7.5.1　隧道内火灾临界风速

国内隧道对防灾通风的临界风速要求不小于 2 m/s，国外通常根据 Kennedy 提出的计算公式计算：

$$V_c = K_g \cdot K \frac{(gHQ)^{1/3}}{\rho_0 c_p A_r T_f} \tag{7-1}$$

$$T_f = \frac{Q}{\rho_0 c_p A_r V_c} + T_0 \tag{7-2}$$

式中：V_c 为纵向通风隧道内的临界风速，m/s；g 为重力加速度，m/s^2；H 为火灾区域隧道高度，m；Q 为火灾热释放率，kW；ρ_0 为空气密度，kg/m^3；c_p 为空气定压比热，kJ/（kg·K）；A_r 为隧道断面积，m^2；T_f 为热空气温度，K；T_0 为环境空气温度，K；K 为无量纲参数，取 0.61；K_g 为坡度修正系数，$i \geqslant 0$ 时 K_g=1.0，$i<0$ 时 $K_g=1+0.037\,4i^{0.8}$。

纵向排烟方式隧道内发生火灾时，保持临界风速情况下所需的风量为 $L=A_r \cdot V_c$。

7.5.2　风机壁龛式布置风速分布计算

壁龛式布置的射流风机距离隧道壁侧疏散平台较近，风机运行时，吹向疏散平台的风速要在行人能承受的范围内，确保疏散人员的安全。风机的安装位置需要经过风速核算后确定。由于壁龛式布置的风机距离隧道壁面较近，不规则的隧道壁必然对风机口喷出的气流运动有所影响，气流运动特征复杂。风速计算可借鉴圆断面射流运动风速计算公式，对计算结果进行修正：

$$V_1 = K \cdot \frac{0.095}{\dfrac{as}{d_0} + 0.147} V_0 \tag{7-3}$$

式中：V_1 为计算风速，m/s；a 为紊流系数，无因次；s 为风机出口至计算点的距离，m；d_0 为风机出口直径，m；V_0 为风机出口平均风速，m/s；K 为修正参数，无因次，与风机射流空间影响因素有关。

风机壁龛式布置风速分布也可借助数值模拟计算获得，但由于风机射流受到诸多因素影响，很难在建立模型时逐一体现，有些边界条件的设置与实际情况也有较大出入，因此，计算结果也只是近似值，需要根据实际情况，分析计算结果，并对结果做适当修正。

7.5.3　救援站、紧急疏散口及避难所风速、风量设计

（1）救援站横通道防护门处的风速不应小于 2 m/s，若设待避空间，则待避空间新风量应满足 10 m^3/（人·h）的要求。

（2）紧急疏散口内的风机运行时，其风速分布可采用式（3）计算，或采取模拟计算的方法确定，以此确定风机的选取及风机的安装位置。

（3）紧急疏散口与隧道交接处防护门的风速不应小于 2 m/s，若设有避难所，避难所

新风量应满足 10 m^3/（人·h）的要求。

7.6 通风专业与其他专业接口

隧道通风设计的顺利完成需要和有关专业密切配合，包括上序专业的资料收集、整理，并对下序专业提供相关资料和要求。

（1）与隧道专业接口。采取壁龛式布置的隧道风机，需要隧道专业根据风机的布置要求加宽隧道断面，且加宽段的纵向长度应满足通风要求；风机安装处应预留混凝土支架及吊装风机吊钩；风机安装后不能侵入设在隧道壁侧的人行平台；需要吊装的风机需要隧道专业预留安装风机的钢板；通风专业应给隧道专业提设备最大荷载。

（2）与经调专业接口。需要经调专业提供避难所的待避人数，按照待避人数计算新风量。

（3）与动力配电专业接口。通风专业与动力配电专业沟通，确定风机设置的最佳位置，在既能满足通风要求的前提下，又能便于电力供电，以减少投资。

（4）与建筑专业接口。根据运营需要就地或在全线运营管理中心设置通风设备管理用房及备品备件库；按通风需要给建筑专业提房屋配置要求。

（5）与监控专业接口。《铁路隧道防灾救援工程设计规范》（TB10020—2017）要求设置防灾通风的隧道应设计防灾救援设备监控系统，并具备远程控制功能。防灾通风作为隧道防灾救援的组成部分，需要和其他专业联动控制，根据统一防灾要求，控制通风设备的运行；需要按监控专业的要求提供设计资料。

（6）与运营管理接口。通风设备安装后不可能一劳永逸，需要日常维护和维修，需要给运营管理部门提日常维护管理要求，并提定员要求。

习 题

7.1 国内外针对铁路隧道火灾的研究从研究手段上来说有几个方面？

7.2 铁路隧道救援疏散设施有哪些，分别要符合哪些规定？

7.3 铁路隧道通风设备布置有哪些方式？简述每种方式的适用条件。

第 8 章　地铁防灾救援

【本章重难点内容】

（1）地铁火灾的原因及特点。

（2）地铁火灾自动报警系统组成。

（3）地铁应急疏散逃生通道技术。

8.1　地铁火灾概述

8.1.1　地铁火灾事故案例

地铁是城市交通的大动脉，是大城市居民出行的重要交通工具之一。由于地铁环境封闭、人员密集，通风排烟设施及疏散逃生空间有限，一旦发生设备设施故障、火灾、爆炸等事故，应急处置将非常困难。随着国内外城市地铁系统的发展，突发性灾害如火灾、爆炸等也频繁发生，特别是火灾，对地铁系统的运营构成了极大的威胁，不仅可能造成人员伤亡和财产损失，还可能对城市功能造成极大破坏，并形成严重的社会影响。表 8-1 列出了国内外发生的部分城市地铁系统火灾案例。

表 8-1　部分国内外城市地铁火灾案例

序号	地铁名称	火灾时间	火灾原因及概况	人员伤亡、结构和设备损坏情况
1	英国伦敦地铁 Shepards Bush Holland Park 区间隧道	1958 年	电气设备故障引起火灾	1 人死亡，51 人受伤
2	日本东京地铁日比谷线六本木站-神谷町站区间隧道	1968 年	运行中列车的设备起火	11 受伤；3 节车厢烧毁
3	中国北京地铁 1 号线	1969 年	电气设备故障起火	6 人死亡，200 多人受伤中毒；烧毁电力机车 2 节
4	加拿大蒙特利尔地铁	1971 年	火车与隧道相撞引起电路短路起火	1 人死亡；24 节车厢烧毁；总计损失 500 万美元
5	法国巴黎地铁 7 号线	1973 年	车厢内人为纵火	2 人窒息死亡；车厢被烧毁
6	美国波士顿地铁	1975 年	隧道电源短路起火	34 人受伤
7	加拿大多伦多地铁	1976 年	人为纵火	4 节车厢烧毁
8	葡萄牙里斯本地铁	1976 年	技术故障起火	4 节车厢烧毁
9	德国科隆地铁	1978 年	未熄灭烟蒂丢在后部转向架的底架上引发火灾	电车、电力轨道烧毁；8 人受伤

续表

序号	地铁名称	火灾时间	火灾原因及概况	人员伤亡、结构和设备损坏情况
10	美国费城地铁	1979 年	电源短路引起火灾	148 人受伤；1 节车厢烧毁
11	美国纽约地铁	1979 年	丢弃的未熄灭烟蒂引燃邮箱	4 人受伤；2 节车厢烧毁
12	美国旧金山地铁	1979 年	侧向电流集电器损坏引起火灾	1 人死亡，54 人受伤；5 节车厢烧毁，12 节车厢损坏
13	德国汉堡地铁	1980 年	车厢座位上纵火	4 人受伤；2 节车厢烧毁
14	俄罗斯莫斯科地铁	1981 年	电源短路起火	7 人死亡；15 节车厢烧毁
15	德国波恩地铁	1981 年	技术故障引起火灾	电车烧毁
16	美国纽约地铁（奥科特波斯卡耶车站）	1981 年	电子故障使列车起火	7 人死亡；2 节车厢烧毁
17	美国纽约地铁	1982 年	控制齿轮故障引起火灾	86 人受伤；1 节车厢烧毁
18	德国慕尼黑地铁	1983 年	电气故障引起火灾	56 人受伤；1 节车厢烧毁
19	德国汉堡地铁	1984 年	车厢座位上起火	1 人受伤；2 节车厢烧毁；1 节车厢损坏
20	美国纽约地铁	1985 年	人为纵火	15 人受伤；16 节车厢烧毁
21	日本东京地铁半蔵门线涉谷车站	1985 年	列车下部轴承破损发热引起火灾	部分车厢烧毁
22	德国柏林地铁	1986 年	电气故障引起火灾	电车烧毁
23	英国伦敦地铁国王十字站	1987 年	乘客在木质电扶梯的间隙内乱丢烟蒂使自动电梯下的一个机房燃起大火	32 人死亡，100 多人受伤
24	瑞士苏黎世地铁	1991 年	车内电线短路，尾部机车和最后两节车厢在连接处起火	多节车厢烧毁
25	阿塞拜疆巴库地铁	1995 年	发动机电气老化短路起火，列车停在隧道内	558 人死亡，269 人受伤
26	韩国大邱市地铁 1 号线中央路车站	2000 年	人为纵火引起火灾	192 人死亡，147 人受伤
27	中国北京地铁崇文门车站区间隧道	2000 年	行驶列车车厢排风扇突然冒起烟火	车站封闭 50 min，隧道顶部被烟熏黑，无人员伤亡
28	法国地铁 13 号线辛普朗车站	2005 年	一列地铁列车起火，随即波及相对是来的另一列地铁列车	12 人受伤；4 号线部分关闭
29	美国芝加哥地铁	2006 年	列车在隧道内发生脱轨事故，车厢起火，数百人被疏散	152 人受伤
30	乌克兰基辅地铁奥萨科尔加站	2012 年	吊灯起火引燃天花板，火势迅速蔓延	
31	莫斯科地铁 1 号线区间	2013 年	“猎人商场”与“列宁图书馆”站之间的供电电缆突然起火，导致部分地铁线路瘫痪	约 4 500 名乘客被紧急疏散；15 人受伤

8.1.2　地铁火灾的原因及特点

通过对国内外地铁火灾事故的分析，图 8-1 给出了诱发地铁火灾的成因统计。可以看到，造成地铁火灾的事故原因主要有：

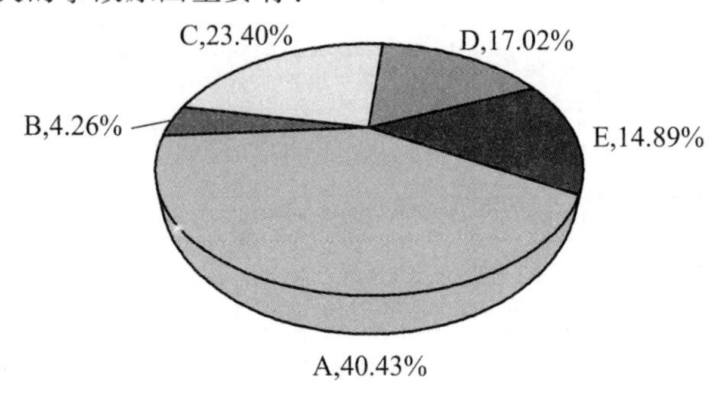

A—车辆自身的机电设备故障导致车辆事故

B—车辆撞击等交通事故

C—纵火等认为因素

D—隧道内电缆、电气设备老化及故障事故

E—其他原因

图 8-1　地铁火灾成因统计表

（1）车辆自身的机电设备故障导致车辆起火。车辆自身的机电设备故障导致车辆起火引发的地铁火灾事故占总调研案例的 40.43%，是诱发火灾的最主要原因。车辆几点零部件老化、电气短路等均是造成车辆起火的原因。

（2）纵火等人为因素：纵火、乱丢烟头等人为因素是诱发地铁隧道火灾的主要原因之一。由人为因素诱发的地铁隧道火灾占总调研案例的 23.4%，典型案例有 1987 年 11 月 18 日发生在伦敦地铁隧道国王十字车站的火灾及 2003 年 2 月 18 日发生在韩国大邱市地铁 1 号线中央路车站火灾。

（3）区间隧道内机电设备老化及故障。区间隧道内一般都有一定量的电气和线路设备，由于区间隧道内一般较阴暗、湿气大，在使用期间，电气和线路设备不可避免地会老化和发生故障，导致区间隧道火灾。在实际的地铁火灾案例中，有 17.2%的火灾是由于此类原因诱发的。

地铁隧道内人员密集，空间相对狭小，疏散救援困难，其火灾具有以下特点：

（1）排烟散热困难、温度高。由于与外部联系通道少，一旦发生火灾，燃烧产生的热量难以散出，会导致温度上升很快，容易较快的发生轰燃。据测试表明：一般轰燃时间为起火后 5~7 min。

（2）高温烟气危害严重。地铁由于入口较少，空气流通不畅，通风不足，氧气供应量不足，火灾时会发生不完全燃烧，导致一氧化碳等有毒气体的浓度迅速升高，会导致严重的人员伤亡。此外，随着高温烟气的扩散流动，还会导致能见度严重降低，影响人员疏散和消防队员扑救火灾。

（3）人员疏散困难。地铁由于受到条件限制，出入口少，人员疏散的距离较长。火灾时出入口处高温烟气的流动方向与人员逃生方向相同，而烟气的扩散流动速度比人群的疏散逃生速度快得多，人们将在高温浓烟的笼罩下逃生，导致能见度降低，使人群心里产生恐慌。同时，烟气中的有些气体，如 NH_3、HF 和 SO_2 等的刺激会使人的眼睛睁不开，人们心里会更加恐惧，可能会瘫倒在地或盲目逃亡，造成不必要的伤亡。

（4）火灾扑救困难。地铁发生火灾时，由于环境的封闭性，火灾位置及火场实时信息难以准确获知，再加灭火路线少，使得火灾的扑救异常困难。

8.2 地铁火灾自动报警

8.2.1 地铁火灾自动报警系统

地铁火灾自动报警系统（Fire Alarm System，FAS）均按照国家标准《地铁设计规范》（GB50157—2013）和《火灾自动报警系统设计规范》（GB50116—2013）等标准与规范，并根据地铁运营管理的实际情况进行设计。一般采取两级管理三级控制的设计模式，即采用中心级和车站级（车站、车辆段、停车场）两级管理方式，全线 FAS 为独立的监控管理系统，不与其他系统综合。运营协调中心（Operation Cooperation Center，OCC）、备用中心、维修中心为中心级，车站、车辆段、停车场以及培训中心等出的防火控制室为车站级。中心级是全线火灾自动报警系统的调度中心，对全线报警系统信息及消防设施有监视、控制及管理权；车站级管辖范围为车站及相邻半个区间、车辆段、停车场等区域，车站级可实现对本站或管辖范围内的 FAS 系统设备的自动监视和控制，同时对防排烟、消防灭火、疏散救灾等设备实现自动化管理。全线 FAS 系统防灾设备（通风、给排水、照明、自动扶梯、防火卷帘、气体灭火等设备）的控制，均可实现防灾指挥中心中央控制级、车站防灾控制室车站级、设备现场就地控制级三级控制方式。

最新国家标准《地铁设计规范》（GB50157—2013）定义火灾自动报警系统是包含地铁火灾报警、消防控制等监视地铁火灾灾情及联动控制消防设备，为地铁防火、救灾工作进行自动化管理的系统。第 19.2.1 条规定火灾自动报警系统应具备火灾的自动报警、手动报警、通信和网络信息报警等，并应实现火灾救灾设备的控制及与相关系统的联动控制。第 19.2.2 条规定火灾自动报警系统应由设置在控制中心的中央级监控管理系统、车站和车辆基地的车站级监控管理系统、现场级监控设备及相关通信网络等组成。

火灾自动报警系统的中央级监控管理系统一般由操作员工作站、打印机、通信网络、不间断电源和显示屏等设备组成。火灾自动报警的车站级一般由火灾报警控制器、消防控制室图形显示装置、打印机、不间断电源和消防联动控制器、手动报警按钮、消防电话及现场网络等组成。地铁全线火灾自动报警与联动控制的信息传输网络宜利用地铁公共通信网络，火灾自动报警系统现场级网络应独立配置。

8.2.2 典型地铁工程火灾报警系统设计

1. 工程概况

上海轨道交通 X 号线工程的消防报警系统按控制中心级和车站级二级监控管理模式进行设计：第一级为控制中心级，对该轨道交通线全线防灾报警系统进行集中监控管理；第二级为车站级，对车站级（车辆基地）管辖范围内防灾报警系统消防设备进行监控管理。主变电站设置区域火灾报警控制器，纳入相邻车站级管理。本系统分别在控制中心级、车站级与综合监控系统（ISCS）互联。

2. 设置规范、标准

本系统采用的设计规范、标准主要包括：《城市轨道交通技术规范》（GB50490—2009）、《地铁设计规范》（GB50157—2013）、《城市轨道交通设计规范》（DJG08109—2004）、《上海城市轨道交通工程技术标准（实行）》（STB/ZH-000001—2012）、《火灾自动报警系统施工及验收规范》（GB50166—2007）、《智能建筑设计标准》（GB/T50314—2006）、《城市消防远程监控系统技术规范》（GB50440—2007）、《电子信息系统机房设计规范》（GB50174—2008）、《民用建筑电气设计规范》（JGJ 16—2008）、《消防联动控制系统》（GB16806—2006）以及国家和上海市其他相关设计规范、规程和标准。如果出现两个标准不相符合时，按较高标准执行。

3. 设计原则

火灾报警系统按照二级管理原则、三级控制进行设计。整个系统由设置在控制中心的中央监控管理级、车站（各车站、中间风井、主变电所、车辆段/停车场、控制中心大楼）监控管理级、现场控制级以及相关网络和通信接口等环节组成。火灾报警系统以安全、可靠、实用为前提，体现“以人为本”的设计指导思想。火灾报警系统贯彻“预防为主、防消结合”的方针，遵循国家有关法规和规范，符合上海市消防局的有关规定。FAS 系统按照全线同一时间内发生一次火灾设计。

地下车站和地下区间、控制中心大楼、主变电所、车辆段/停车场的大型停车库和检修库、重要材料库及其他重要用房按照火灾报警一级保护对象设计；地面及高架车站、车辆段/停车场的一般生产和办公用房按照火灾报警二级保护对象设计。

改线火灾报警系统采用控制中心级和车站级二级管理模式。控制中心级实现对全线火灾自动报警系统集中监控和管理，车站级在各车站、车辆段/停车场、主变电所设火灾报警控制器，它能对其所管理范围内独立执行消防监控管理；全线的火灾控制中心设在控制指挥中心内，车站、车辆段/停车场等各级防灾指挥中心分别设在车站控制室、车辆段/停车场综合楼控制室；对防排烟与送排风系统共用的风机及风阀等设备采用正常工况与事故工况两种运行模式，正常工况由设备监控系统实时监控管理，事故工况模式由火灾报警系统发出控制指令给建筑自动控制系统（Building Automatic System，BAS）；BAS 接收到此指令后，根据指令内容，启动相关的火灾模式，实现对相关设备的火灾模式控制，同时反馈指令执行信号，显示在救灾指挥画面上，帮助救灾指挥的开展；消防水泵，专用排烟风机的控制设备除了采用总线编码模块控制外，还应在消防控制室设置紧急手动直接控制装置。紧急手动直接控制装置由设备监控系统综合后备盘 IBP（Integrated Backup Panel）统一设置；消防广播和车站广播系统合用，设有火灾紧急广播功能，火灾时可强行转入紧急广播状态；车辆段/停车场等通信系统未设置公共广播场所，由该系统设置消防广播或警铃。

设计标注及主要参数包括：

控制中心中央级控制响应时间：＜2 s；控制中心中央级信息响应时间：＜2 s；站点控制响应时间：＜1 s；站点信息响应时间：＜1 s；火灾报警回路响应时间：＜0.85 s；火灾报警系统主要设备平均无障碍时间（MTTR）：<30 min；回路导线截面在 1.5 mm^2 的条

件下，每个总线回路长度不小于 1 500 m；接地电阻：≤1 Ω；系统整体使用年限：15 年。

4. 网络构成

FAS 全线网络采用对等式环形网络结构，控制中心级、各车站、车辆段/停车场、主变电所、中间风井、控制中心大楼等的火灾报警系统均作为 FAS 全线网络上的节点，每一个火灾报警控制器在网络通信中具有同等的地位，每个节点都能独立完成所管辖区域内设备的监视与控制，各节点之间是互相平等的，如果节点之间出现短路、开路或者故障，节点会自动隔绝，网络通信不会中断。设计采用专用光纤作为系统通信通道。控制中心的报警主机通过通信系统提供的光缆中的 6 根光纤（4 用 2 备）将每个节点环形连接，实现网络通信。

主变电所（中间风井）距离相邻的车站有一定的距离，相对的监控点数较少。主变电所接入系统的方案有两种：一种是复视屏方案，将主变电所（中间风井）作为相邻车站的一个回路，通过电缆或光缆，接入相邻车站的火灾报警控制器，同时在主变电所（中间风井）的主控制室内设置远程复视屏，显示主变电所（中间风井）内的报警和联动信息。另一种是报警器方案，在主变电所（中间风井）的主控制室内设置火灾报警控制器，将主变电所（中间风井）作为一个网络接电，接入 FAS 系统的通信网络。

5. 控制中心级构成

控制中心与各车站级（含车站、主变电所、中间风井、车辆段/停车场、控制中心大楼）FAS 进行通信联络，能监视全线消防设备的运行状态，接受并显示各车站级送来的报警信号，自动记录、打印，并能进行历史档案管理；向各车站防灾控制室发出防灾救灾指令，组织、协调、指挥、管理全线救灾工作并及时向有关上级消防部门报告灾情，定期输出各类数据及报表；接收主时钟的信息，使火灾自动报警系统全线与主时钟同步。

控制中心调度大厅控制设置中央级火灾报警控制器，作为全线火灾报警的控制主机。中央级火灾报警系统设独立的图形显示终端，并通过 FAS 工作站实现与调度大厅综合显示屏（大屏）的接口，将火灾报警信息发送到综合显示屏。

6. 车站级系统构成

车站控制级对本车站级（含主变电所、中间风井、车辆段/停车场、控制中心大楼）及所管辖区域内各种防灾设备进行监控和控制，接受本车站及其所辖区间的火灾报警信号，显示火灾报警、故障报警部位。向控制中心报告灾情，接受控制中心发出的指令，启动相关消防设备投入火灾模式运行，利用通信工具组织和领导人员疏散。

车站的监控管理设置在各车站的车站控制室内，车辆段/停车场的监控管理设置在综合楼值班室，主变电所的监控管控管理设置在主变电所的主控制室，中间风井的监控管理设施设在值班室或控制室，控制中心大楼的监控管理设置在控制中心大楼的消防值班室内。

车站监控管理级独立执行其所管辖范围内 FAS 系统的监控管理功能。车站监控管理级由火灾报警控制器、火灾触发器件（包括火灾探测器和手动报警按钮、极早期烟雾探测报警等）、火灾报警装置、消防联动控制器、准端显示设备、消防电话主机、打印机等设备组成。

火灾报警控制器通过双向通信接口与设备监控设备相连接，完成对兼用环空设备的联动控制。同时火灾报警控制器通过通信系统提供的光纤媒介，将信息送至控制中心。

在车站控制室内控制台上设置的综合后备盘（IBP 盘）上设置用于操作重要消防设备的直接启动按钮。重要消防设备包括：消火栓泵、喷淋泵、高压细水雾泵、排烟专用机等。综合后备盘的直接启动按钮能在火灾情况下不经过任何中间设备，直接启动这些重要消防设备，从级别上讲，这是最高级的联动设备。同时在综合后备盘上还可显示这些重要消防设备的工作和故障状态，以及启动按钮的位置和状态。

以各车辆段（主变电所、车辆段/停车场、控制中心大）为单位，设置独立的消防专用电话网络。在车站控制室（车辆段/停车场为信号楼值班室，主变电所为主控制室、控制中心大楼为消防值班室）设置消防专用直通电话总机。在变电所室、消防泵房、环控电控室、气体灭火操作盘处、电梯机房等重要场所设置固定式消防分机电话，在车站的站台层、站厅层、地下区间的适当部位（如手动报警按钮、消防栓按钮旁）设置消防电话插孔，以实现车站控制室与这些场所的语音通话。

7. 车辆段/停车场系统构成

车辆段/停车场的综合楼消防控制室设置火灾报警控制器，作为车站级的火灾报警控制器，并与全线火灾报警系统直接联网。停车列检库、检修联合库等设置区域火灾报警控制器，其消防管理功能托管在综合楼控制室。混合变电所、综合楼、检修库及材料总库、运行库、联合车库等设备用房及管理用房设置各类探测器。

停车场的综合楼消防控制室应设置消防电话主机，并在综合楼、检修库、混合变电所等场所设置消防电话分机及电话插孔。

综合楼的火灾报警控制器通过光纤和各车站及控制中心火灾报警控制器组成的全线火灾报警系统联网。

在车辆段的运用库和检修库、停车场的运用库设置消防广播，广播控制台设置在消防值班室内。消防应急广播须符合火灾报警系统规范。

车辆段/停车场其他区域由 FAS 设置警铃。

综合楼的火灾报警控制器、图形监控终端与停车列检库、检修联合库的区域火灾报警控制器及管辖范围内的各类探测器、手动报警按钮、输入和输出模块等现场设备构成停车场火灾报警系统。

8. 主变电所系统构成

主变电所设置车辆级的火灾报警控制器，通过光缆在临近车站与全线火灾报警系统直接联网。主变电所的火灾报警范围连接临近车站的电缆通道。主变电所设固定消防电话，消防电话通过电话线接入临近车站。主变电所火灾报警控制器、图形监控终端与管辖范围内的格内探测器、手动报警按钮、输入输出模块等现场设备构成主变电所火灾报警系统，

9. 中间风井

区间风井设置车站级的火灾报警控制器，通过光缆在邻近车站与全线火灾报警系统直接联网，其消防监控管理功能分别托管在附近车站。邻近车站的图形监控终端应能显

示区间变电所与区间风井火灾报警系统信息。区间风井火灾报警控制器与管辖范围内的各类探测器、手动报警按钮、输入输出模块等现场设备构成区间变电所与区间风井火灾报警系统。区间风井设置电源设备，包括双电源自切箱、UPS 以及配电箱，与车站设备监控系统 EMCS（Electrical and Medhanical Control System）及门禁系统 ACS（Access Control System）合用（分别向 EMCS 和 ACS 各提供一个配电回路）。

10. 控制中心大楼

控制中心调度大厅设中央级火灾报警控制器（主机），配套的彩色图形监控终端布置在环控及防灾调度台上。调度台由控制中心专业统一制作和布置，调度台上由通信系统专业设置广播控制盒、闭路电视显示终端、业务电话、市内直线电话、消防无线电话、环控调度总机等；由设备监控专业设置设备监控操作终端。

中央级报警系统通过通信接口与中央级机电设备监控系统连接，实现信息的传递。各车站发生火灾时，在图形监控终端界面上应显示 FAS、EMCS 系统所有监控设备（即完整火灾联动工况对象）的应动作情况与实际动作情况的对照表。FAS 配置独立的激光打印机，打印实时信息和各类报表。FAS 的中央级设备由集中 UPS 供电，终端配电箱由本专业设置。该终端配电箱同时向 EMCS 和 ACS 提供工作电源。

11. 换乘车站

按照对共享车站“一个站长，一套班子，资源共享，区域控制”的运营管理要求，在建设时按照“先建代后建”的设计原则，共享车站原则上只设一套火灾报警系统，由先建线路工程实施，其控制范围包括两线车站的全部区域。按一次设计、分步实施的原则，后间线路的设备在后期工程实施时采购并接入本期实施的系统。

12. 系统主要功能

1）控制中心级主要功能

对全线火灾报警设备及专用消防设备进行监控。监视、显示并记录全线所有消防设备的运行状态；当被控设备发生故障或状态变化时发出音响提示并打印、记录所发生的时间、地点等。

接收全线车站级（各车站、主变电所、中间风井、车辆段/停车场、控制中心大楼）FAS 系统送来的火灾报警、故障报警和防灾设备的工作状态信息。当发生火灾报警时，及时以地图式画面在彩色图形监控终端上显示报警点，打印报警时间、地点并启动火灾报警的声光报警信号，显示调度员的火灾确认时间。

组织指挥全县消防救援工作，选择预定的解决方案向车站级发出消防救援指令和安全疏散命令，指挥救灾工作的开展。地下区间隧道发生火灾时，协调相邻两座隧道的控制工况，向车站发布控制命令。接收主时钟的信息，使火灾报警信息与时间系统同步。建立数据库并进行档案管理、定期输出各类数据、报告。

全线火灾报警系统实行操作权限管理。设有多级密码，不同级别的操作员应具有不同的访问权限和操作权限。控制中心级具有最高的可操权限，可对各站点的操作器进行在线编辑和程序下载功能，修改现场参数。参数设置修改完毕后，通过网络下载到各车站的报警控制器中。

控制中心级可通过操作电视监控系统（CCTV）的键盘和显示终端以确认监视现场的灾情。根据火灾的实际情况，向有关区域发出消防救灾指令和安全疏散指令，并通过全线防灾调度电话、外线电话、闭路电话、列车无线电话等通信工具来指挥全线防灾救灾工作的开展，火灾工况具有优先权。

2）车站级主要功能

车站级包括车站、中间风井、车辆段/停车场、主变电所和控制中心大楼等。接收本车站及所辖区间内的火灾报警信号，显示火灾报警或故障报警部位。监视本车站及所辖区间内的各种火灾报警设备及专用消防设备的运转状态。确认灾情并向控制中心及有关部门通报联络，传递火灾发生信息。接收消防控制中心发出消防救援指令和疏散命令，组织和诱导乘客进行安全疏散。在确认火灾后，指令车站级的设备监控系统按照预定火灾模式运行，通过 FAS 系统与其他系统的接口，联动相关的设备按照火灾工况运行。

8.3 地铁应急疏散逃生通道技术

地铁因安全、舒适、载客量大、快速、准点、低能耗、少污染的特点，被称为“绿色交通”，越来越受到人们的青睐，极大地改善了城市交通拥挤的问题。由于地铁的建筑、设备和运营生产活动都处于地下，并设有大量的机电设备和一定数量的易燃和可燃物质，运行过程中有较多的乘客和工作人员，因此，存在着许多潜在的火灾因素。地铁火灾主要有以下特性：

（1）烟气扩散迅。地铁内部空间相对封闭，隧道内就更为狭窄，所以烟雾很难扩散便会充满车站和隧道区间。

（2）逃生条件差。主要表现在垂直高度深、逃生途径少，逃生距离长。

（3）允许逃生的时间短。试验证明，允许乘客逃生的时间只有 5 min 左右。另外，车内乘客的衣物一旦引燃，火势将在短时间内扩大，允许逃生的时间则更短。我国《地铁设计规范》（GB50157—2013）中允许的逃生时间是 6 min。

（4）纵火事件防范难。地铁内人员流动性大，加之通风口很多，所以地铁纵火事件突发性强，在没有前兆的情况下，乘客很难引起警觉，提前采取防范措施。

（5）人员疏散避难困难。地铁车站和隧道的空间狭窄，出入口少，但客流量大，高峰时车站和列车都相当拥挤。发生火灾时，在无人指挥的情况下，乘客容易发生惊慌，相互拥挤而发生挤倒、踏伤或踏死。另外，地铁发生火灾时，人员的逃生方向和烟气的扩散方向都是从下往上，人员的出入口可能就是烟气的出入口，加大了疏散难度。

针对上述地铁车站火灾疏散逃生救面临的难题，本节提出了设置地铁应急逃生通道的方法，通过设置应急疏散逃生通道，能使乘客在紧急状态下快速、安全地逃生，为地铁车内的乘客快速逃生提供了额外的逃生通道，加快人员的疏散速度，提高疏散的效率，同时，该应急疏散逃生通道也可作为行动不便的年迈体弱者及在事故中有可能出现的伤者的暂时避难所，并可作为消防人员进入现场进行扑救的快捷通道；而在乘客得到有效疏散后，该应急疏散逃生通道也可作为通风排烟系统的一部分，使火灾时烟气控制的灵活性得以改善。而在平时应急疏散逃生通道也可作为处理紧急情况、运送物资的快捷通道。

如图 8-2 到图 8-4 所示，应急疏散逃生通道分为站厅层和站台层上下两层，站台层、站厅层的内侧壁上设有多个通道入口，通道入口处设有防火卷帘门。站台层、站厅层内均设有疏散楼梯，站台层内的疏散楼梯通至站厅层内，站厅层上设有相应的入口，站厅层内的楼梯通至地面。

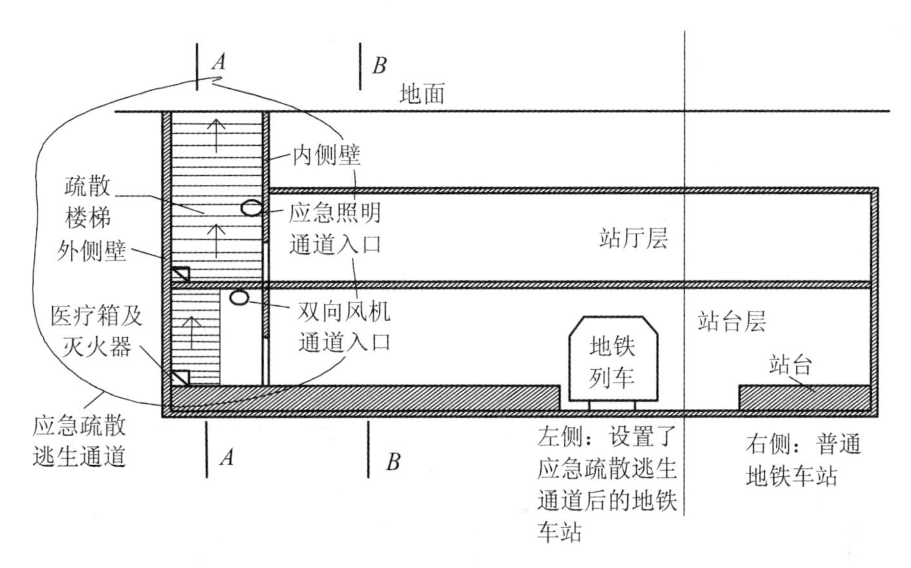

图 8-2　应急疏散逃生通道示意图

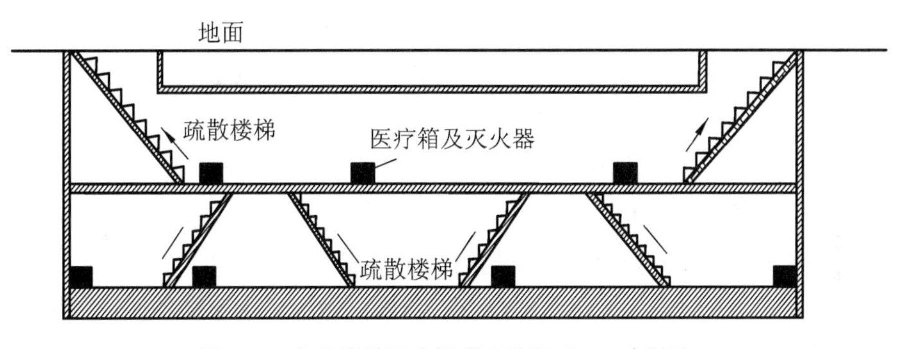

图 8-3　应急疏散逃生通道示意图（*A*-*A* 剖面）

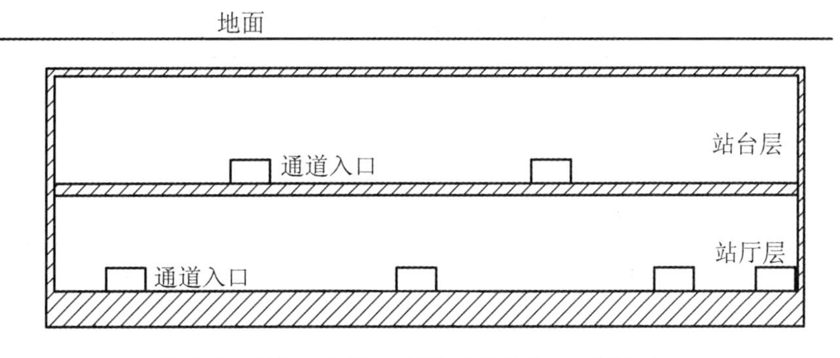

图 8-4　应急疏散逃生通道示意图（*B*-*B* 剖面）

站台层、站厅层的内部还设有双向通信机、应急照明灯、医疗箱及灭火器。

该应急疏散逃生通道入口处的防火卷帘门平时处于关闭状态，一旦火灾发生，人员需要疏散时开启防火卷帘门，车站内人员可以进入应急疏散逃生通道内避难、治疗，并通过楼梯直接逃至地面。消防人员也可以通过疏散楼梯直接从地面进入车站内进行灭火救援工作。

双向通风机在车站内火灾发生时开启进行工作，使得应急疏散逃生通道内的气压大于外部气流，从而能有效防止高温烟气蔓延至应急疏散逃生通道内威胁通道内人员生命安全。灭火器在通道内起火时可用来进行快速灭火，保证通道内人员生命安全。应急照明灯可提供临时照明。行动不便的年迈体弱者及在事故中的受伤者进入应急疏散通道后，可用医疗箱内的医疗设备和药品进行紧急治疗。

如图 8-5 所示，对于采用侧式站台的地铁站，应急疏散逃生通道设置在两个站台的外侧。应急疏散逃生通道的外侧壁可以与地铁车站的侧壁共用，应急疏散逃生通道的内侧壁为防火墙，将应急疏散逃生通道与车站的站台隔开。

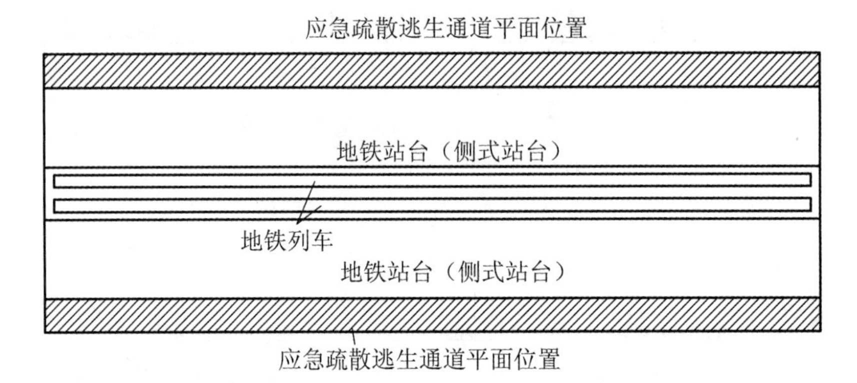

图 8-5　侧式站台应急疏散逃生通道的平面布置位置示意图

如图 8-6 所示，对于采用岛式站台的地铁站，应急疏散逃生通道位于站台的两侧，这样应急疏散逃生通道与站台之间就被列车的轨道隔开。当发生紧急情况时，可令轨道上的门开启，侧站台上的人员可通道列车进入车站两侧应急疏散逃生通道内。

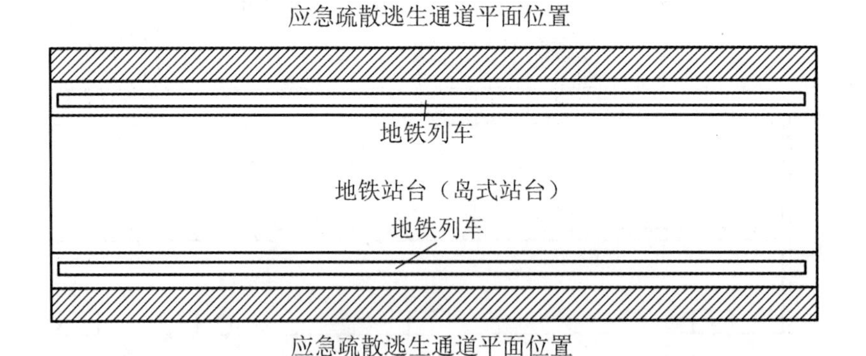

图 8-6　岛式站台应急疏散逃生通道的平面布置位置示意图

应急疏散逃生通道的空间可在地铁车站基坑开挖过程中留出，即加大基坑两侧尺寸，增加部分即为通道所留。车站基坑围护结构（地下连续墙）可作为通道外侧壁永久使用。

习　题

8.1 造成城市地铁火灾的主要原因有哪些？

8.2 城市地铁火灾有哪些特点？

8.3 什么是两级管理三级控制的设计模式？

8.4 试简述地铁应急疏散逃生通道的作用。

第 9 章　其他地下空间防灾救援

【本章重难点内容】

（1）地下商场火灾危险性、防火措施和灭火救援措施。

（2）地下停车场火灾危险性、防火措施和灭火救援措施。

（3）矿井火灾危害、防火措施和灭火救援措施。

（4）人防工程火灾特点、防火措施和灭火救援措施。

9.1　地下商场防灾救援

地下商场内部规模和使用范围的扩大加快了城市地下空间的开发速度，然而在给人们带来便利的同时，其潜在的火灾危险性也大幅度增加。因此，客观地认识地下商场的火灾特性，有针对性地研究其防灾救援工作，对做好消防工作、维护社会发展和保障人民生命财产安全有重要的现实意义。

9.1.1　地下商场火灾的危险性

1. 人员流动量大

地下商场是人员大量流动的场所。特别是近些年兴起的地下超市这种经营性质的商场，每天进出的人员非常之多。尤其在一些大城市里的大型商场，每天进出的各类人员足有十余万，甚至更多。再加上在一些节假日等特殊日子里，商家开展各种各样的促销活动，那就更是顾客云集，数不胜数了。如此人员集中的场所，一旦遭遇火灾，将给扑救和疏散工作带来很大困难。

2. 可燃物多

地下商场经营的商品大都是可燃物品。这些商品大多散装陈列或堆放在货架上、柜台上；有些商品如衣帽、各类纺织品、工艺美术品、箱包夹带等还悬挂展示在空中，并且一些商品本身虽属不燃材料制成，但其包装箱、盒却都是可燃的。根据这些特点，使地下商场的可燃物荷载远远大于其他任何场所，一旦起火，就能迅速猛烈燃烧。

3. 采光通风困难

通风、采光困难是地下工程固有的特性。但物资流通、人员流动的场所，良好的空气流通和充足的光线是其必不可少的条件，要具备这些条件，克服先天不足，就必须使用大量的通风、采光设施。使用这些设施，就必须要使用巨大的电力能源来完成。在具有大量可燃物的场所大量用电，是公认的致灾因素。

4. 电气设备多

由于地下商场必须依赖于人工照明，因此地下商场均安装有数量巨大的荧光照明灯具。另外商场经营照明器材和家用电器的地方，为了测试需要，装有一批临时供电插座；在节假日，地下商场内外还要临时安装各种彩灯，增添节日气氛。所以，地下商场就就具有电气设备多、品种繁多和线路错综复杂及使用时间长的特点，如果设计、安装和使用稍有不慎，就极易引发火灾事故。

9.1.2 地下商场火灾防控

1. 防火分区

为了有效地遏制火灾的蔓延，降低火灾的损失，有利地开展灭火救援，地下商场应严格遵照相关规范划分防火分区。按照《人民防空工程设计防火规范》（GB50098—2009）要求，每个防火分区的允许最大建筑面积，不应大于 500 m^2。当设置有自动灭火系统时，允许最大建筑面积可增加到 1 000 m^2，当设置有火灾自动报警系统和自动灭火系统，且采用 A 级装修材料装修时，防火分区允许最大建筑面积不应大于 2 000 m^2。但实际来看，地下商场的装修材料达不到A级装修材料装修，因此，每个防火分区最大面积为 1 000 m^2。当地下商场面积大于 20 000 m^2 时，相邻区域应采用防火隔间进行分割，防火隔间的墙应为防火墙，防火墙上的门应采用能自行关闭的常开式甲级防火门。

2. 防烟排烟

当地下商场发生火灾时，大量的有毒烟气在有限的空间内肆意蔓延，极易造成大量的人员死亡，因此对地下商场的防排烟设计更为重要。首先必须保证每个防火分区设置一个排烟口。理想的防排烟方式是：既能严格防止火灾烟气侵入疏散通道或避难区域，确保这些区域的绝对安全；又能允许受灾人员和消防救援人员自由地进出这些区域，做到畅通无阻。现行的防排烟方式不能同时满足这两个要求，而气幕防排烟方式却能很好地满足这两个要求。地下商场为了取得较好的通风排烟效果，宜采用吹吸式气幕防排烟方式。

3. 固定灭火、自动报警系统

因为地下商场建筑的特殊性以及该地点火灾的危险性，当地下商场发生火灾时，想依靠消防人员灭火的效果将会非常有限。所以，在这一场所，必须进行固定灭火设施与自动报警系统设计，达到自我救助的目的。当有火灾隐患时，这种设计能够及时发现、提前报警，有效进行补救，从而将危害降至最低。目前，地下商场一般使用消火栓和自动喷水灭火系统两大类作为固定灭火装置。

4. 内部装修非燃难燃化

为了减少火灾发生的因素，控制火灾的蔓延速度，地下商场的内装修应尽量做到非燃难燃化，要求内部装修少用难燃材料，严禁使用可燃材料。因此，地下建筑在进行内部装修设计时，应严格遵照执行《建筑内部装修设计防火规范》（GB50222—2015）的要求，商场的营业厅、疏散走道和安全出口的门厅顶棚、地面以及墙面、售货柜台、固定货架、展览台等应采用 A 级装修材料，隔断应采用 B1 级装修材料。另外，装修物不允许遮挡消防设施。

5. 安全疏散

每个防火分区的安全出口数量应经计算确定，且不应少 2 个。当平面上有 2 个或 2 个以上防火分区相邻布置时，每个防火分区可利用防火墙上 1 个通向相邻分区的防火门作为第二安全出口，但必须有 1 个直通室外的安全出口。疏散走道内不宜设置门槛、阶梯和突出物等，并直通安全出口，不得经过任何房间，安全出口门应向疏散方向开启，靠近门口 1.4 m 以内不得设置踏步，以免造成人员疏散时绊倒踩踏事故的发生。

6. 加强消防安全管理

首先，必须实行统一管理。商场内部的各个经营业主必须服从商场消防保卫部门的统一管理，并应逐级签订《安全防火责任状》，严格落实安全防火职责制度。其次，建立健全消防安全管理制度，并由安全防火责任人抓好贯彻落实。再次，按照《机关、团体、企业、事业单位消防安全管理规定》进行消防安全检查、巡查，并按照其要求做好消防设施的检查、维修、保养工作，必须保证消防设施的完整好用。最后，要加强管理人员、经营人员的消防安全培训，让每个人都了解和掌握应急措施，并做到会报警、会扑救初起火灾，会组织人员疏散。

9.1.3 地下商场灭火救援

地下商业建筑复杂的火灾特点决定了灭火救援任务必须依据科学的组织指挥和丰富的灭火经验，有效地采取灭火技术、战术，以提高火灾事故的处置效率。

1. 火灾初起阶段，立足自救，有效控制火势

为了避免地下商业建筑特大火灾的发生，抓住初期灭火时机至关重要。在火灾初期，一般建筑内部烟雾浓度低，能见度相对较高，应坚持“自救”为主的原则。

（1）迅速组织人员疏散，减少伤亡。一旦通过火灾报警系统或认为发现火灾，管理单位迅速调集相关人员，按疏散计划或火场的实际情况组织群众疏散和灭火行动。疏散要选择最近、最便捷的路线，朝距离近、危险性小的方向疏散。疏散时要尽可能选择多处出口，做好人员分流，避免人员拥挤发生踩踏事故。

（2）利用各类消防设施有效控火。发生火灾时，应立即关闭空调系统，停止送风，防止火势扩大；开启排烟设备，排除火场烟雾，提高火场能见度；开启各类防、灭火设施，如：自动灭火系统、水幕系统和防火分区系统，防止火势蔓延扩大；利用室内消防火栓系统和灭火器材，组织相关人员开展灭火行动。

2. 消防队采用正确灭火技术，高效开展灭火救援

消防队到达火场后，应立即成立灭火指挥部。

（1）及时开展火情侦查，快速部署灭火力量。侦查方法可采取：① 外部侦查。火场指挥通过外部观察和查看建筑图纸，仔细了解建筑的结构、规模、内部使用情况和消防安全疏散通道和内部消防设施配备情况。② 内部侦查。在确保安全的前提下，侦查小组要深入建筑内部，同时要指派熟悉建筑情况的人员作向导，迅速查明建筑内部的具体情

况。③ 仪器检测。通过火源探测仪、气体探测仪、测温仪、侦查机器人等，在建筑出入口处和深入内部时检测有毒气体成分与浓度、空气含氧量、空气温度等。

（2）适时开展火场排烟，为灭火进攻做好充足准备。主要可采取下列几种排烟方式：① 利用窗口、疏散门、竖井和各处出风口进行自然排烟。② 利用固定式或移动式防排烟设备（排烟风机或排烟车等），进行机械排烟。③ 利用建筑内部配置的水喷淋或水喷雾系统，达到排烟、降温、降低火场烟气浓度的目的。④ 可根据火场需要，在外部使用高倍数泡沫进行排烟。

（3）疏散受困人员，减少人员伤亡。在火灾初期，建筑内较多人员正在撤离，救援人员应迅速组织力量，进入内部引导人员疏散；当火灾处于猛烈燃烧阶段，对于被封锁在某区域内无法自行安全疏散的受困人员，应派救援人员深入内部，在充足水流的掩护下强攻救人。

3. 准确把握作战时机，灵活采用灭火战术

在地下商场灭火战斗中，应视其燃烧的具体部位和火势情况，准确把握战机，灵活采取内攻灭火灌注灭火或封口窒息等方法。

（1）内攻灭火。在火灾发生的不同阶段，依据火情侦查和排烟的具体情况，应适时组织实施多点内攻，选择正确的进攻路线，以最安全、最快达到火区为原则，尽可能地深入建筑内部，接近火源作战，逐段、逐层地消灭火灾。

（2）灌注灭火。对于不宜采取内攻的地下洞室，或某些地下建筑局部巷道、局部洞室房间，在确认无人被困的情况下，可利用向地下灌注灭火剂的方法灭火。

（3）封口窒息。当火势发展迅猛，温度极高，消防人员实施内攻的行动严重受阻时，外攻灌注又不能奏效的情况下，为缩短作战时间，可视情况采用全面封堵出入口、进风口和排烟口的战术方法，严密封闭着火区域，切断空气来源，使内部燃烧区域因断绝缺氧而自行熄灭，即实施封口窒息法灭火。

9.2 地下停车场防灾救援

在城市建设逐步推进的过程中，私家车的数量越来越多，对于地下停车场的需求量也越来越大。大多数地下停车场不仅具有停车场的基本功能，还担负着人防的重要任务。因此对于地下停车场的防灾灭火救援就显得非常重要了。

9.2.1 地下停车场的危险性

（1）地下停车场出现火灾的原因大部分都是由于车辆自身问题导致的。在没有及时发现的情况下，火灾就会蔓延，最终导致较为严重的后果。

（2）地下停车场出现火灾，还有车内有易燃物的原因。有些车辆装载了危险品停放在地下车库内，如果在停车场内有人的时候发生火情，就容易造成人员伤亡。要是安全疏散不到位，可能造成更加恶劣的后果。

（3）地下停车场是由众多子系统构成的，其中包含了通风系统、水系统、电力系统等等。如果发生火灾，就可能导致这些系统出现毁损，进而造成地下停车场的部分功能

暂时性丧失，严重情况下可能危及到地面。

（4）地下停车场空间较为封闭，一旦出现火灾，会导致在停车场内的人员心生恐慌，进而出现匆忙驾车出逃的情形，这就大大增加了撞车事故的发生。不仅如此，在发生火灾时会产生大量的烟气，其会模糊驾驶员的视线，导致驾驶员在匆忙之中容易发生车祸。

9.2.2 地下停车场火灾防控

1. 防火分区

在地下停车场出现火灾的时候，为了避免火灾险情从一个区域扩散到另一个区域，需要对其进行隔离处理，控制火灾的范围，避免其扩大造成更大的影响。具体措施如下：① 在车库和通道连接的开口位置，必须设置两道防火卷闸，并且由通道和车库分别进行控制，在通道或车库发生火灾时，对应侧的卷闸降下以实现隔离火情的作用。② 根据地下停车场的实际特点，还需通过水幕系统对其进行划分，进气划分为若干个防火区。在每个防火区内，应该设置数量适宜的防烟楼梯间，至少在两个以上，并且保证至少有一个具备独立的疏散功能。在楼梯间的长度设计上，还应该保证其行走距离在 60 m 以内。以便在出现火灾时能够在最短的时间内完成人员疏散。

2. 防烟排烟

《建筑设计防火规范》（GB50016—2014）中作出规定：每个防烟分区内的建筑面积不宜大于 2 000 m^2，防烟分区之间通过隔墙、挡烟垂壁或从顶棚下突出不小于 0.5 m 的梁来进行划分。结合地下停车场的自然条件和面积大小，确定其排风方式是选择自然通风或机械排风。对于通道坡度变化小及弯曲度简单的地下停车场，可采取纵向排风系统。而对于通道坡度变化大及弯曲度复杂的地下停车场，则只能采取在通道内部横向构建排、送风系统。

3. 固定灭火、自动报警系统

《汽车、修车库、停车场设计防火规范》（GB50067—2014）中规定：除敞开式汽车库，几种类型的车库都应设有自动喷水灭火系统和自动报警系统。地下停车场内的灭火系统应设置与火灾报警系统联动的设施，才能在火灾发生时第一时间调动地下车库的交房设备进行灭火，从而避免人为活动的滞后性。在一些类型较小的停车场可以不设置火灾自动报警系统，这种情况下，火灾发生时就没有了火警的帮忙，或者说是火警帮助作用比较小，这时就更加应该注意靠停车场自己的力量应对火灾情况。

4. 安全疏散

地下停车场的疏散出口分为人员安全出口和汽车疏散出口，两者要分开设置。

1）人员安全出口的设置

《建筑设计防火规范》（GB50016—2014）中规定：地下室设有不少于 1 个直通室外的人员安全出口的防火分区可相互利用相邻防火分区的人员安全出口作为本分区的第二安全出口。因此，地下停车场的每个防火分区在设置一座疏散楼梯外，还要设置一个通向相邻防火分区的甲级防火门作为“第二安全出口”。

2）汽车疏散出口

《汽车、修车库、停车场设计防火规范》中规定：停车场的汽车疏散口应布置在不同的防火分区内，且整个停车场的汽车疏散口总数不少于 2 个。设置汽车疏散口时应注意疏散口与最远停车位保持合理距离，汽车坡道与相邻建筑之间的防火间距也应合理控制（防火间距≥10 m）。

5. 加强消防安全管理水平

大型地下停车场火灾自动消防设施齐全，消防安全管理要求较高。物业管理单位要组建一支专业的维护保养管理人员队伍，定期进行检查，及时消除不安全因素，确保自动消防设施完整好用。

6. 加强人员和车辆管理

对相关停车业主进行轮训，使其掌握必备的灭火知识。同时，对无关人员，一律不允许进入，防止人为破坏。对进出车辆要认真检查，防止产生油品的“跑、冒、滴、漏”。

9.2.3 地下停车场灭火救援

根据地下车库火灾的特点，火场指挥员应根据火场的具体情况，周密细致地组织火情侦察，迅速疏散人员和处在火势威胁下的汽车，及时控制火势，迅速扑灭火灾。

1. 及时掌握火场情况

火场指挥员通过外部观察、询问知情人，以及组织侦察小组深入地下车库内部侦察等方式，迅速查明以下情况：

（1）有无人员被困，被困人员数量、所处位置及疏散的途径。

（2）地下车库的结构、规模、车辆停放形式、车型和数量。

（3）地下车库出入口位置，可供车辆疏散和灭火的进攻通道。

（4）起火部位，是车辆着火，还是附设房间着火；火势大小以及火势蔓延发展方向。

（5）库内有无固定灭火设施，是否已经启动，控制火势的成效如何等。

2. 积极疏散人员和车辆

地下车库内的汽车着火，消防人员应加强对人员和车辆的疏散。

1）人员疏散

坡道式地下车库和复式地下车库，由于地下车库内有人员停留。因此，侦察确认有人后，应迅速组织力量进行抢救和疏散，并组织力量控制火势，以掩护救人行动；机械式地下立体车库由于车辆停放由机械设备操作，地下车库内无驾驶人员，但要注意是否有车库工作人员被困，确认有人也应全力抢救。

2）车辆疏散

疏散和保护车辆，是防止火势蔓延扩大，减少火灾损失的一项重要措施。因此，火场指挥员应在灭火作战预案的基础上，与单位负责人共同决定疏散方案，明确分工，分头负责。

3. 合理组织火场排烟

地下车库发生火灾，浓烟高温给灭火工作带来极大干扰和威胁，必须采取有效排烟措施，来强化排烟实效。

（1）如果车库地下一层有采光窗（孔），可打开或破拆采光窗（孔），进行自然排烟。

（2）利用地下车库的机械排烟系统，启动排烟风机，进行机械排烟。

（3）利用移动排烟设备，如排烟车、排烟机等进行排烟。但要注意当车库有两个以上出入口时，应以下风口作为排烟口，其他出入口作为送风口。

（4）根据火场需要，可使用喷雾水或高倍数泡沫进行排烟。

4. *灵活采用灭火方法*

扑救地下车库火灾，应视其燃烧的具体部位和火势情况，采取内攻灭火、封闭或灌注灭火等方法，消灭火灾。

1）内攻灭火

确定进攻路线，由外部迅速铺设水带，从上风方向的出入口攻向燃烧部位，出泡沫或喷雾水灭火。灭火时，尽可能对受火势威胁的车辆进行射水保护，重点是冷却燃油箱，防止燃油箱爆炸，扩大火势蔓延。

2）封闭或灌注灭火

如果火势发展迅猛，在无法直接内攻，外攻灌注又不能奏效的情况下，可严密封闭着火区域，切断供氧，使内部燃烧因缺氧而自行熄灭。对于小型地下车库火灾，如果火势猛，温度高，无法深入地下内攻灭火时，可向地下车库灌注高倍数泡沫灭火。

9.3 矿井防灾救援

我国煤矿散布广泛，地质条件差距大，煤矿数目多且条件和水平参差不齐，煤矿失火和其致使的事故时有发生，矿机火灾严重威胁矿井的安全生产，威胁工人生命健康，同时由于我国工业生产 70%的能源依赖煤炭，矿井火灾的发生也使上万吨的煤炭被封闭、冻结和烧毁。

9.3.1 矿井火灾分类及危害

1. *矿井火灾分类*

矿井火灾必须具备三个基本条件：热、氧、可燃物燃烧。

根据自燃的原因可将矿井火灾分为内因和外因两类。内因火灾是由于在一定的条件和环境下的煤，其物理化学变化，储存热导致火灾的形成积累。外因火灾是指由爆破、瓦斯、明火使用、机械和电气设备操作不当等原因造成的火灾。

根据燃烧状态可将矿井火灾分为阴燃失火和明火失火两类。当燃烧所在地透风性差，非常缺氧时，产生阴燃，阴燃往往会产生大量有毒气体。当氧气含量较为大时，会有一个长期的火焰燃烧，燃烧充分，为明火燃烧。

2. *矿井火灾危害*

矿井火灾造成人员伤亡和财产损失，包括火源高温直接造成人员伤亡，高温有毒有害气体造成下风方向人员的中毒伤亡，矿井火灾诱发瓦斯爆炸，酿成更大灾害，矿井火灾产生的高温破坏巷道支护，烧毁煤炭，形成安全隐患。矿井火灾也影响了正常的生产秩序，使环境恶化，产量下降，甚至停止生产。

9.3.2 矿井火灾防控

1. 矿井火灾预报预测

（1）做好煤的自燃倾向性鉴定。可以采用色谱吸氧鉴定法，该方法可以检测煤低温下吸氧的能力（氧量、速度）。

（2）做好每层开采过程中的火灾预报。主要有两个方面：一是掌握运用预测预报仪表与装置。主要用我国研究开发的更灵敏可靠的检测指标和适应新指标的仪器或装置，以及敏感元件。二是掌握运用预测预报指标。关于检测指标，可以使用 CO、C_2H_4 及 C_2H_2，综合地将煤自燃发火区分出三个阶段：矿井风流中只出现 10-6 级的 CO 时为缓慢氧化阶段；出现 10-6 级的 CO 和 C_2H_4 时为加速氧化阶段；出现 10-6 级的 CO、C_2H_4 及 C_2H_2 时为激烈氧化阶段，此时将出现明火。应用三个指标，不仅可预测火灾，而且还可判别其阶段，据此而采取不同的防火措施。

（3）做好机电设备与硐室火灾检测系统。为预测和防治胶带输送机或机电硐室火灾事故，要掌握运用自动灭火系统和火灾监控系统。

2. 矿井防火一般措施

（1）采用不燃性材料支护。井筒、平硐及井底车场沿煤层开凿时，必须砌碹；在岩层内开凿时，必须用不燃性材料支护。

（2）建立消防材料库。每个矿井必须储存灭火材料和工具，并建立一批消防仓库，消防仓库的材料要定期检查和更换。

（3）设置防火门。

进风口和进风平硐都要装有防火铁门，铁门要能严密地遮盖，并易于关闭。进风井筒和各个水平的井底车场的连接处都要装有两道容易关闭的铁门或木板上包有铁皮的防火门。

（4）设置消防水池和井下消防管路系统。

每一个矿井必须在地面设置消防水池和井下消防管路系统。消防水池附近要装设水泵，其扬程和排水量在设计矿井消防设备时规定。开采深部水平的矿井，除有地面消防水池外，还可利用上部水平或生产水平的水仓作为消防水池。

3. 外因火灾预防

预防外因火灾应从杜绝明火和电火花着手，主要措施有：

（1）瓦斯矿井要使用安全炸药，放炮要遵守安全规程。

（2）正确选择、安装和维护电气设备，保证线路完好，防止短路、过负荷产生火花。

（3）井下严禁使用灯泡取暖和使用电炉。井下和井口房不得从事电焊、气焊、喷灯焊接。

4. 内因火灾预防

（1）正确选择开拓、开采方法防止自燃火灾对于开拓、开采的要求是：最小煤层暴露面、最大的采煤量、最快的回踩速度和采区的容易隔绝。

（2）采用正确的通风措施。一是选择合理的采区通风系统。结合开拓方案和开采顺序，选择合理的采区通风方式。二是实行风区通风。分区通风是比较合理的通风方式，它能降低矿井总阻力，扩大矿井通风能力，并易于调节风量。同时在火灾期间也便于稳定风流和隔绝火区。

（3）搞好预防性灌浆。预防性灌浆是借助输浆设备把灌浆材料送到易发生自燃的地区，起到防火作用。灌浆材料可选择泥浆或者尾矿。在缺土、缺水的矿区可采用阻化剂进行灌注防火。

9.3.3 矿井灭火救援

1. 火灾灭火救援的基本措施

（1）发生火灾后切断火区内电源，防止在处理火灾中救护员触电和引起沼气爆炸。

（2）发生火灾后立即撤出灾区内和一旦发生瓦斯爆炸而受到威胁的人。

（3）积极抢救遇险人员，采取措施防止烟雾向人群集中的地方蔓延。

（4）设专人检查瓦斯和风流变化，防止风流逆向伤人。

（5）救护队以最快的速度探明发货地点、范围和发火原因。

2. 不同地点火灾灭火救援措施

1）进风口附近

在进风口附近发生火灾时该采取以下措施：① 通风机实行反风；② 封闭井下，关闭进风口防火铁门；③ 按照避灾路线安全撤离井下矿工；④ 采取适合的方法灭火，阻止烟流进入井下。

2）井底车场

在井底车场发生火灾时该采取以下措施：① 全矿井的通风机实行反风；② 按照避灾路线安全撤离井下矿工；③ 在井底车场水源充足的情况下，用水直接灭火；④ 为了减少井底车场火灾附近的供风量，采用临时封闭法，防止火势扩大；⑤ 若为中央并列式通风的矿井，可采用进、回风短路的办法，将烟流排出。

3）进风井筒

在进风井筒发生火灾时该采取以下措施：① 全矿井的通风机实行反风。② 按照避灾路线安全撤离井下矿工。③ 在反风效果不佳时，关闭防火铁门，减少供氧量。④ 在斜井位置着火时，若火势不大，进入井筒灭火。若火势较大，待反风有效后再进入井筒灭火。⑤ 在竖井位置着火时，可在地面采用高泡灭火机灭火。

4）回风井筒

在回风井筒发生火灾时该采取以下措施：① 不改变风流方向；② 控制入风防火门，停止部分通风机，减少风量；③ 在多风井多风机通风的情况下，火区回风井的主要通风机不能停风；④ 火势扩大时按照避灾路线安全撤离井下矿工。

5）主要硐室

在主要硐室发生火灾时该采取以下措施：① 机电硐室着火时，应立即切断电源，然后利用现场工具采用积极方法灭火。② 火药库着火时，应立即运出爆炸材料。若温度太高无法运出时，则关闭防火门，撤往安全地点。③ 绞车房着火时，应固定火源下方的矿车，防止矿车绳子被烧断而滑跑伤人。④ 蓄电池机车库着火时，应先切断电源，再将蓄电池运出。若火势很大很难扑灭，应关闭防火铁门，然后再采用积极方法灭火。

6）通风巷道

在通风巷道发生火灾时该采取以下措施：① 在倾斜进风巷道发生火灾时，要采取烟流短路、反风等措施；② 在水平巷道发生火灾时，应根据瓦斯量的变化情况增大或减少供风量。

7）采空区

在采空区发生的火灾一般都是内因火灾，该采取以下措施：① 采空区发生的火灾难用直接灭火法灭火，通常采用隔绝方法灭火；② 如果采空区较多漏风，隔绝灭火法灭火效果不佳，可采用灌注泥浆水的方法灭火；③ 也可采用注入惰性气体方法灭火；④ 也可采用均压方法灭火。

8）采煤工作面

在采煤工作面发生火灾时该采取以下措施：① 能接近火源时，用水和灭火器直接灭火；不能接近火源时，用高泡机远距离灭火。② 在采煤工作面瓦斯燃烧时，用干粉灭火器或用沙子、岩粉、泥土等灭火。③ 从进风侧灭火达不到效果时，可从回风侧灭火。④ 在不能直接灭火或有瓦斯爆炸危险的情况下，可将火区封闭，隔绝窒息灭火。

3. 灭火方法

1）积极方法灭火

一般情况下应尽可能采用积极方法灭火。具体方法包括：用水灭火；用惰性气体灭火；用沙子、岩粉、泥土等灭火；用灭火器灭火；挖除燃烧物灭火。

2）隔绝方法灭火

隔绝方法灭火是在缺乏灭火器材和人员时，或者采用直接灭火法不能达到预期效果，又或人员难以接近火区时使用的一种灭火方法。方法具体操作是：先封闭火区，切断通往火区空气然后采用均压技术、灌注泥浆水、诸如惰性气体等方法加速火区熄灭。

3）综合方法灭火

综合方法灭火就是积极方法灭火和隔绝方法灭火的综合。先采用隔绝方法加快灭火速度，然后打开封闭墙用积极方法灭火。

9.4 人防工程防灾救援

人防工程对于一个国家很重要，一旦发生火灾，会因为其隐秘性、不宜撤离等原因造成重大经济损失，大量的人员伤亡。因此，人防工程的防灾救援是相当重要的。

9.4.1 人防工程火灾特点

1. 火灾烟气的危害性

当人防工程发生火灾时，由于其自身地下通风效果差，短时间内积聚的有毒、高温烟气无法得到有效排出，高浓度的有毒烟气不仅会帮助火灾扩大其燃烧范围、加速其蔓延速度，更会给地下人防建筑中人员疏散时的安全带来极大的生命威胁，甚至有可能会因能见度低、高温、烟毒等原因，给前来救援的消防人员带来极大的营救困难。

2. 火灾的易发性

通常情况下，地下人防工程在和平年代大多被当做人员密集场所使用，如：公共娱乐场所、电影院等，其内部家具、装修等可燃物相对较多。另外，人防工程处于地下，相比地面较为潮湿，在这种环境下的电气设备和线路的绝缘层容易腐蚀，电器线路在无绝缘层保护的情况下发生局部打火短路或局部接触电阻过大的现象，这时电器线路的绝缘层就成了可燃物，这就形成了电器火灾的隐患。

3. 火势蔓延速度快

当发生火灾时，地面建筑的大部分烟雾与热量是借助建筑物的门窗溢出的。而人防工程相比与地上建筑，由于其通往地面的口径较小、内部空间也小，加上人防工程的周围均被泥土包围着，一旦发生火灾后，可燃烧释放出的热量将很不容易散失，这使该类建筑室内的温度会在短时间内迅速上升，散不出去的高温烟气会进一步通过辐射或对流传递方式加热其他可燃物，从而进一步加速火势蔓延的趋势，造成一发不可收拾的局面。

4. 火灾发生的隐蔽性

人防工程由于其本身建筑存在的封闭性、局限性，很难及时发现火灾，并组织逃生、救援等行动。人防工程还有很多附属空间，隐蔽性强、通信信号差，其结构的封闭性又很难实现彼此之间的有效连通，一旦发生火灾人员很难及时发现，即使及时发现了火灾，也很难迅速地采用常规的通信手段报告火警、组织人员疏散、指挥进入地下人防建筑的消防人员进行灭火救援。

5. 人员不易疏散性

首先，人防工程通道狭小，出口相对较少，尤其是因其深埋于地下，一旦出现火灾后，人员的疏散更是困难。其次，地下人防工程的能见度较低。通常情况下，地下人防工程采用的是人工照明，而人工照明相比自然采光在照度上又显著弱化。最后，火灾所产生的大量烟气影响了人员疏散速度。

9.4.2　人防工程火灾防控

1. 防火与防烟分区

人防工程发生火灾后，火势的蔓延将很难在第一时间内得到有效控制，所以，在设计时，需要严格按照国家有关人防建筑消防设计防火规范的要求，对防火与防烟分区进行防火、防烟设计、分隔，以利于防火墙、防火门、防火卷帘、防火窗、防火阀、挡烟垂壁等消防设施控制火灾蔓延、排出有毒烟气、抢抓疏散时间，保证人员安全、降低财产损失。另外，在疏散通道上采用防火卷帘门进行防火分隔的时候，要适时地增加挡烟垂壁、排烟风机等消防设施进行控火、防烟。

2. 设置固定消防设施

首先，设置智能化的自动报警系统，提高火灾报警系统的快速性、准确性和可靠性。其次，根据人防工程发生火灾的特别，设置有效的自动灭火系统，如隔膜开式大水滴雨淋灭火系统。

3. 设置发光疏散指示标志

人防工程一旦发生火灾后，由于其通风性较差使大量的有毒气体不能及时溢出，加上断电，进而极大地影响了能见度，可以考虑在疏散通道的地面和其下部增加一部分靠荧光材料自身吸光、发光的辅助应急疏散指示标志，这些材料耐用、廉价，因其吸光时间短、放光时间长，可以在火灾断电后的 20~30 min 内提供有效的疏散指示，确保人员能进行及时、有效、有序的疏散。

4. 责任分工、培训演练

实现工作人员的分级分责管理，明确各岗位、各工种的消防职责和任务，还要及时组织新上岗的人员进行消防培训、开展消防演练，使场所内的所有人员都能够熟悉自己所在位置周围的环境，明白一旦发生火灾“自己往哪跑、怎么跑、如何扑救初期火灾，如何报警”等，具备“消防安全四个能力”的要求，以便人员及时疏散、逃生自救和扑救初期火灾。

5. 熟悉避难场所或走道

在人防工程中往往设有避难场所或避难走道等临时的消防安全区域。火灾时，如果场所里的人员一旦不能及时逃生，在消防演练时就应告知场所内的使用人员，可以考虑暂时疏散到的避难场所或避难走道等临时安全区域，在那里，那些不能及时逃生的人员可以选择是等待消防人员前来营救，或者是通过避难走道逃生到其他相对安全的相邻区域，以此为自身和救援人员提供宝贵的时间。

9.4.3 人防工程灭火救援

人防工程在和平时期常作为地下商场、地下停车场及公共娱乐场所使用，其灭火救援手段与地下商场、地下停车场及公共娱乐场所大致相同。人防工程的灭火救援大概分为人员、车辆疏散和排烟灭火。

1. 人员、车辆疏散

1）人员疏散

火灾一经人防工程中的火灾报警系统发现后，人防工程中的工作人员迅速组织群众沿各个安全出口疏散出去。再等到消防人员到达现场后，再次组织力量，引导大部分群众疏散出人防工程。若有少部分群众因火情较为严重而无法疏散出人防工程，由救援人员在一定消防措施掩护下救出。

2）车辆疏散

消防人员对车辆进行疏散和保护，防止火势蔓延扩大，同时也为抢险腾出有效空间，同时引导消防和救护车辆进入场地合理布局、有效作业。

2. 排烟灭火

1）排　烟

若人防工程中设置有采光窗，可利用采光窗自然排烟；利用人防工程中的机械排烟设备，启动排烟机或排烟车排烟；利用喷雾水或高倍数泡沫进行排烟。

2）灭　火

火灾一经发现，地下工程中的自动喷水灭火系统开启灭火；火灾刚发现时，人防工程中的工作人员可使用灭火器进行灭火；若火势发展较小，可进行内攻灭火，从外部铺设水带，进入内部出泡沫或喷雾水灭火。对于一些受火势影响车辆，应进行射水保护；若火势发展较迅猛，无法内攻灭火，可从外部进行灌注或封闭灭火。

习　题

9.1 简述地下商场火灾的危险性。

9.2 地下商场防火分区有何规定？

9.3 地下商场有哪些灭火方法？分别在什么情况下使用？

9.4 简述地下停车场火灾的危险性。

9.5 地下停车场汽车疏散口的设置有何规定？

9.6 矿井火灾中，什么是内因火灾？什么是外因火灾？

9.7 简述矿井内因火灾预防手段和外因火灾预防手段。

9.8 简述人防工程灭火救援手段。

参考文献

[1] 杨立新. 现代隧道施工通风技术[M]. 北京：人民交通出版社，2012.

[2] TB 10204—2002 铁路隧道施工规范[S].

[3] JTG F60—2009 公路隧道施工技术规范[S].

[4] GB 16423—2006 金属非金属矿山安全规程[S].

[5] GBZ 1—2015 工业企业设计卫生标准[S].

[6] GBZ 2. 1—2007 工作场所有害因素职业接触限值　第一部分：化学有害因素[S].

[7] GBZ 2. 2—2007 工作场所有害因素职业接触限值　第二部分：物理因素[S].

[8] MT/T9900—2008 煤矿矿井风量计算方法[S].

[9] GB/T 9900—2008 橡胶或塑料涂覆织物导风筒[S].

[10] GB/T 15335—2006 风筒漏风率和风阻的测定方法[S].

[11] HG/T 2580—2008 橡胶或塑胶涂覆织物拉伸长度和拉断伸长率的测定[S].

[12] JTG/T D70/2-02—2014 公路隧道通风设计细则[S].

[13] 高波，王英学，周佳媚. 地下铁道[M]. 成都：西南交通大学出版社，2011.

[14] 禹华谦，陈春光，麦继婷. 工程流体力学[M]. 成都：西南交通大学出版社，2013.

[15] 付钢，王成. 隧道通风与照明[M]. 武汉：武汉大学出版社，2015.

[16] 刘健. 隧道通风安全与照明[M]. 重庆：重庆大学出版社，2015.

[17] TB 10068—2010 铁路隧道运营通风设计规范[S].

[18] 传福. 铁路隧道运营通风方式发展方向之我见[J]. 铁道建筑，1997（05）：32-33.

[19] GB 50157—2013 地铁设计规范[S].

[20] GB 50019—2003 采暖通风与空气调节设计规范[S].

[21] GB 50225—2005 人民防空设计规范[S].

[22] GB 50038—2005 人民防空地下室设计规范[S].

[23] JGJ 48-2014 商店建筑设计规范[S].

[24] GB/T 18883—2002 室内空气质量标准[S].

[25] GB 16423—2006 金属非金属矿山安全规程[S].

[26] 万传奇，龙雨. 浅谈地下商场的通风与空调设计[J]. 中华民居（下旬刊），2014（06）：62.

[27] 刘亚坤. 浅谈地下商场的通风与空调[J]. 建筑热能通风空调，2002（05）：39-40.

[28] 吴大军. 浅谈地下商场的通风与空调设计[J]. 节能技术，2000（05）：10-11.

[29] 姜东. 地下商场暖通设计的几点体会[J]. 暖通空调，1999（04）：54.

[30] 王文魁，焦有芬. 大型地下商场空调通风及防排烟[J]. 林业科技情报，2005（02）：60-61.

[31] 张淼. 大型地下商场空调通风与防排烟探究分析[J]. 中华民居(下旬刊),2012(06): 80.
[32] 王盈. 基于地下停车场通风设计[J]. 黑龙江水利科技，2010，38（01）：107-108.
[33] 梁晓军. 地下停车场通风及防排烟系统设计[J]. 科技创业月刊,2005(08):152-153.
[34] 苗长征. 地下停车场通风及防排烟[J]. 黑龙江科技信息，2011（15）：297.
[35] 刘莉. 浅谈地下车库通风排烟设计[J]. 中国新技术新产品，2012（03）：179.
[36] 任增玉. 矿井通风技术及通风系统优化设计探讨[J]. 黑龙江科技信息，2010（12）：47.
[37] 邹炜. 矿井通风技术及通风系统优化设计探讨[J]. 能源与节能，2014（08）：33-34+39.
[38] 刘志强. 人防工程通风设计小结[J]. 科技风，2011（05）：143. [2017-09-02].
[39] 李湛初. 浅谈人防工程通风设计的若干问题[J]. 制冷，2006（01）：77-79.
[40] TB 10020—2017 铁路隧道防灾救援工程设计规范[S].
[41] 王明年，郭春，杨其新. 高速公路隧道及隧道群防灾救援技术[M]. 北京：人民交通出版社，2010.
[42] GB 50490—2009 城市轨道交通技术规范[S].
[43] DJG08-109—2004 城市轨道交通设计规范[S].
[44] STB/ZH-000001—2012 上海城市轨道交通工程技术标准（实行）[S].
[45] GB 50166—2007 火灾自动报警系统施工及验收规范[S].
[46] GB/T 50314—2006 智能建筑设计标准[S].
[47] GB 50440—2007 城市消防远程监控系统技术规范[S].
[48] GB 50174—2008 电子信息系统机房设计规范[S].
[49] JGJ 16—2008 民用建筑电气设计规范[S].
[50] GB 16806—2006 消防联动控制系统[S].
[51] 张志瑞. 浅谈地下商场火灾危险性分析及防火对策[J]. 建筑知识，2016，36（02）：288.
[52] 陈鹏. 地下商场性能化防火设计及研究[D]. 西安建筑科技大学，2014.
[53] 李彬. 浅论地下商场的防火与疏散[J]. 企业家天地：理论版，2010（07）：224-225.
[54] 白伟明. 地下商场防火存在的问题与预防措施[J]. 科技风，2010（04）：145.
[55] 张石彬. 浅谈地下车库火灾预防及扑救措施[J]. 法制与社会，2015（33）：212-213.
[56] 刘冠辰. 地下车库火灾过程及消防措施的研究[J]. 黑龙江科技信息，2014（31）：2.
[57] 王永西. 地下车库的火灾扑救[J]. 消防技术与产品信息，2009（08）：31-33.
[58] 黄力纲. 矿井火灾预测预报及防火技术措施[J]. 科技与企业，2011（15）：29-30.
[59] 寇海萍. 矿井防火方法[J]. 科技信息，2010（08）：302+300.
[60] 张晓军. 矿井火灾防治措施[J]. 山西煤炭管理干部学院学报，2013，26(03)：45-46.
[61] 马军灵. 矿井火灾发生的原因及防治措施[J]. 科技信息，2010（33）：367.
[62] 于浩雨. 民用人防工程消防防火对策[J]. 科技展望，2015，25（20）：265.
[63] 宋洋. 试论民用人防工程消防防火对策[J]. 中国城市经济，2011（14）：289-290.
[64] GB 6499—2012 危险货物分类和品名编号[S].

[65] GB 50098—2009 人民防空工程设计防火规范[S].
[66] GB 50222—2015 建筑内部装修设计防火规范[S].
[67] GB 50016—2014 建筑设计防火规范[S].
[68] GB 50067—2014 汽车、修车库、停车场设计防火规范[S].